PLANETA DE VÍRUS

CARL ZIMMER

PLANETA DE VÍRUS

ilustrações IAN SCHOENHERR
tradução TÁSSIA CARVALHO

ns
São Paulo, 2021

Planeta de vírus
A planet of viruses

EDITOR: Luiz Vasconcelos
COORDENAÇÃO EDITORIAL: João Paulo Putini
TRADUÇÃO: Tássia Carvalho
REVISÃO: Daniela Georgeto • Equipe Novo Século
DIAGRAMAÇÃO E CAPA: João Paulo Putini
IMAGEM DE CAPA: Motionographer | Shutterstock

Texto de acordo com as normas do Novo Acordo Ortográfico da Língua Portuguesa (1990), em vigor desde 1º de janeiro de 2009.

Dados Internacionais de Catalogação na Publicação (CIP)

Zimmer, Carl
Planeta de vírus
Carl Zimmer; tradução de Tássia Carvalho ; ilustração de Ian Schoenherr.
Barueri, SP: Novo Século Editora, 2021.
160p. ; il.

Bibliografia
Título original: A planet of viruses

1. Ciências naturais 2. Virologia I. Título II. Carvalho, Tássia III. Schoenherr, Ian

21-2239 CDD 507

Índice para catálogo sistemático:
1. Ciências naturais 507

Uma marca do Grupo Novo Século

Alameda Araguaia, 2190 – Bloco A – 11º andar – Conjunto 1111
CEP 06455-000 – Alphaville Industrial, Barueri – SP – Brasil
Tel.: (11) 3699-7107 | Fax: (11) 3699-7323
www.gruponovoseculo.com.br | atendimento@gruponovoseculo.com.br

PARA GRACE,
minha hospedeira predileta

SUMÁRIO

O FUTURO VIRAL

EPÍLOGO

PREFÁCIO

Apesar de os vírus abalarem o bem-estar humano, afetando a vida de quase 1 bilhão de pessoas, desempenharam papéis significativos nos fantásticos avanços biológicos do século passado. O da varíola se transformou no maior assassino da humanidade, embora hoje seja uma das poucas doenças erradicadas do mundo. Vírus emergentes e reemergentes, como os que causam influenza, ebola, zika e, agora, a pandemia global de covid-19, representam globalizadas ameaças catastróficas e demandam desafios extraordinários. É bem provável que esses e outros vírus continuem ameaçando o bem-estar humano. Portanto, uma compreensão mais clara deles nos ajudará no preparo e na prevenção de futuras doenças virais e pandemias.

Na ecologia da Terra, os vírus, atores invisíveis, ainda que ativos, são responsáveis por mover o DNA entre as espécies, fornecer novo material genético para a evolução e regular imensas populações de organismos. Todas as espécies, de minúsculos micróbios a grandes mamíferos, são influenciadas pelas ações dos vírus. Os impactos deles ainda vão além, pois afetam o clima, o solo, os oceanos e a água doce. Quando se considera como cada animal, planta e micróbio foi moldado no decorrer do processo da evolução, é necessário levar em conta o papel influente dos minúsculos e poderosos vírus que compartilham este planeta.

E até hoje os vírus continuam a nos surpreender. O do ebola, antes limitado a pequenos surtos em lugares distantes da África, explodiu em epidemias massivas e, pela primeira vez, se disseminou para outros continentes. Novos vírus, como Mers* e Sars,† foram transmitidos de animais para humanos por meio de infecções zoonóticas. O HIV, identificado em 1983, já infectou até hoje quase 38 milhões de pessoas em todo o mundo. No entanto, cientistas também estão descobrindo novas maneiras de aproveitar a extraordinária diversidade de vírus para nosso próprio benefício. Carl Zimmer se baseou em todos esses avanços para elaborar a nova edição de *Planeta de vírus*, agora publicada no Brasil.

Originalmente, Zimmer escreveu a maioria desses ensaios para o projeto World of Viruses, como parte do Science Education Partnership Award (SEPA)‡ dos National Institutes of Health (NIH).§ O World of Viruses foi criado para ajudar as pessoas a entenderem mais sobre vírus e pesquisas de virologias, por meio de quadrinhos, desenvolvimento profissional de professores, aplicativos para celular e iPads e outros materiais. Para obter mais informações sobre o projeto, visite http://worldofviruses.unl.edu.

JUDY DIAMOND, PHD

Professora e curadora, diretora do Museu Estadual da Universidade de Nebraska, projeto World of Viruses.

CHARLES WOOD, PHD

Lewis L. Lehr University, professor de Ciências Biológicas e Bioquímica da Universidade de Nebraska-Lincoln. Diretor do Nebraska Center for Virology.

* Síndrome respiratória do Oriente Médio. Em inglês, *Middle East Respiratory Syndrome.* (N.T.)

† Síndrome respiratória aguda grave. Em inglês, *Severe Acute Respiratory Syndrome.* (N.T.)

‡ Prêmio de Parceria em Educação Científica. (N.T.)

§ Os Institutos Nacionais da Saúde são um conglomerado de centros de pesquisa que formam a agência governamental de pesquisa biomédica do Departamento de Saúde e Serviços Humanos dos Estados Unidos. (N.T.)

INTRODUÇÃO

"UM FLUIDO VIVO CONTAGIOSO"

O VÍRUS DO MOSAICO DO TABACO E A DESCOBERTA DA VIROSFERA

Mais de 80 quilômetros a sudeste da cidade mexicana de Chihuahua, há uma árida cadeia montanhosa chamada serra de Naica. Em 2000, mineiros trabalhavam em uma rede de cavernas abaixo das montanhas e, quando chegaram a 300 metros de profundidade, viram um lugar que parecia outro mundo: uma câmara de 9 metros de largura e 27 metros de comprimento, com teto, paredes e piso revestidos de cristais de gipsita translúcidos e de superfície lisa. Em muitas cavernas existem cristais, mas não como os da serra de Naica, que chegavam a 11 metros de comprimento e pesavam até 55 toneladas. Sem dúvida, não eram cristais usados para formar um colar; eram cristais para escalar como montanhas.

Desde a descoberta dessa fantástica câmara, hoje conhecida como a Caverna dos Cristais, alguns cientistas receberam permissão para visitá-la. Juan Manuel García-Rúiz, geólogo da Universidade de Granada, foi um deles. Depois de estudar os cristais, o pesquisador concluiu que se formaram há 26 milhões de anos, quando rochas fundidas subiam das profundezas da Terra, construindo as montanhas. As câmaras subterrâneas tomaram forma e se encheram de água mineral ácida e quente. O calor do magma subjacente manteve a água a uma temperatura escaldante de quase 58°, ideal para os minerais saírem da água e formarem cristais. Por razões ainda não bem esclarecidas, a água permaneceu na mesma perfeita temperatura por centenas de milhares de anos; nesse longo processo, os cristais cresceram até tamanhos surreais.

Em 2009, o cientista Curtis Suttle liderou uma nova expedição à Caverna dos Cristais. Suttle e seus colaboradores recolheram água das piscinas da câmara e levaram-na para análise no laboratório da Universidade da Colúmbia Britânica. Quando se considera a linha de trabalho de Suttle, sua jornada talvez pareça uma missão de tolos, afinal, ele não tem interesse profissional por cristais, minerais ou por qualquer rocha. Suttle estuda vírus.

Na Caverna dos Cristais, inexistem pessoas para os vírus infectarem. Inexistem peixes. A caverna ficou efetivamente isolada da biologia do mundo exterior por milhões de anos. Porém, o esforço da jornada de Suttle valeu a pena. Depois de preparar amostras de água cristalina, ele as examinou ao microscópio. E viu vírus, enxames deles. Existem até 200 milhões de vírus em cada gota de água da Caverna dos Cristais.

No mesmo ano, 2009, outra cientista, Dana Willner, liderou sua própria expedição de caça a vírus. Em vez de uma caverna, ela mergulhou no corpo humano. Willner fez as pessoas expectorarem em um copo, de onde ela e seus colaboradores pescaram fragmentos de DNA, que foram comparados com milhões de sequências armazenadas em bancos de dados on-line. Muito do DNA era humano, mas muito vinha de vírus. Antes da expedição de Willner, os cientistas presumiram que os pulmões de pessoas saudáveis eram estéreis. Mas Willner descobriu que neles há 174 espécies de vírus, e apenas 10% mantinham parentesco próximo com qualquer vírus já encontrado. Os outros 90% eram tão estranhos quanto qualquer outra coisa escondida na Caverna dos Cristais.

Em cavernas e nos pulmões, nas geleiras do Tibete e nos ventos que sopram sobre as montanhas, os cientistas continuam descobrindo vírus mais rápido do que conseguem entendê-los. Até agora, nomearam oficialmente milhares de espécies, mas, segundo estimativas, o total pode chegar a trilhões. A virologia é uma ciência ainda na infância, apesar de os vírus serem nossos velhos companheiros. Por milhares de anos, nós os conhecemos apenas pelos efeitos na doença e na morte, e até pouco tempo não sabíamos como associar esses efeitos às suas causas.

A própria palavra *vírus* incorpora um paradoxo. Nós a herdamos do Império Romano, quando significava, ao mesmo tempo, o veneno de uma cobra ou o sêmen de um homem. Criação e destruição em uma única palavra.

Com a passagem dos séculos, ocorreu também uma alteração do significado de *vírus*: qualquer substância contagiosa capaz de disseminar doenças. Pode ser um fluido, como a secreção de um ferimento. Pode ser algo que se deslocou misteriosamente pelo ar. Pode ser até mesmo um pedaço de papel contaminado que dissemina doenças com o simples toque de um dedo.

A palavra *vírus* começou a incorporar um significado moderno somente no final do século 19, em razão de uma catástrofe agrícola. Na Holanda, as fazendas de tabaco foram atacadas por uma doença que atrofiava as plantas, transformando as folhas em um mosaico de fragmentos de tecido vivo e morto. Fazendas inteiras foram abandonadas.

Em 1879, fazendeiros holandeses procuraram Adolph Mayer, um jovem químico agrícola, a quem imploraram ajuda. Mayer denominou o flagelo de doença do mosaico do tabaco. Para descobrir a causa, ele investigou o ambiente onde as plantas cresciam – o solo, a temperatura, a luz solar –, mas não conseguiu identificar nada que distinguisse as saudáveis das doentes. Então, Mayer pensou que talvez a culpa recaísse em uma infecção invisível, pois cientistas já haviam descoberto que fungos podiam infectar batatas e outras plantas. Nessa linha de pesquisa, Mayer procurou fungos nas plantas de tabaco. Nada. Procurou vermes parasitas infestando as folhas. Nada.

Até que Mayer extraiu a seiva de folhas das plantas doentes e injetou gotas em um tabaco saudável. Resultado: as plantas saudáveis adoeceram. Portanto, algum patógeno microscópico deveria estar se multiplicando dentro do tabaco. Mayer tirou seiva de plantas doentes e incubou-a no laboratório onde trabalhava. Colônias de bactérias começaram a crescer, a ponto de o químico conseguir vê-las.

Mayer aplicou essas bactérias em plantas saudáveis, imaginando se desencadeariam a doença do mosaico do tabaco. Mas isso não aconteceu. Desde então, os cientistas aprenderam que bactérias revestem as plantas das folhas até as raízes. Em vez de adoecê-las, muitos dos micróbios as ajudam a prosperar. Diante de tal fracasso,

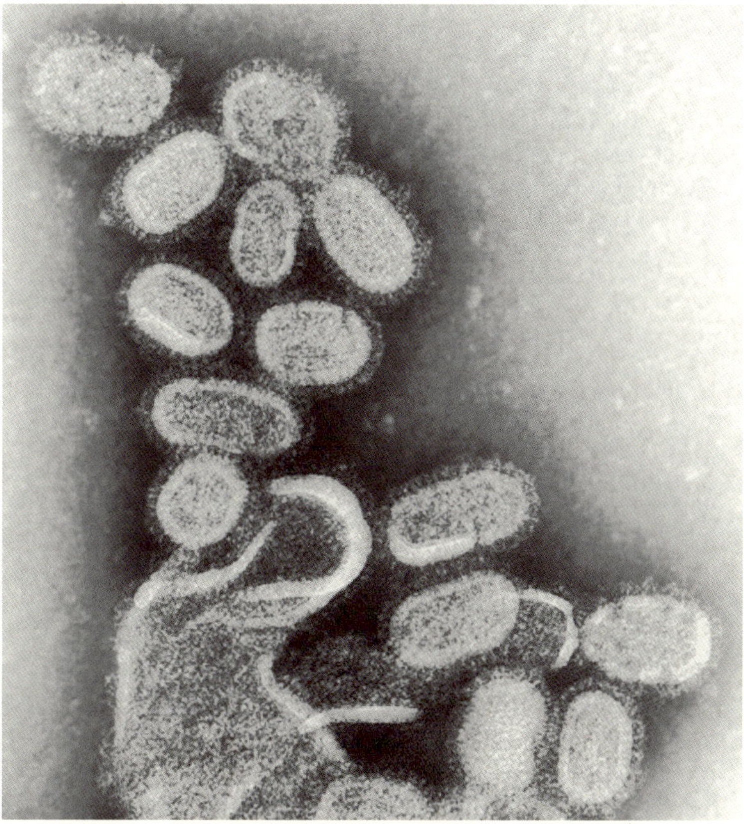

Vírus do mosaico do tabaco, que causa doenças em plantas do mundo todo

a pesquisa de Mayer foi paralisada. O universo dos vírus permaneceu fechado.

Alguns anos depois, Martinus Beijerinck, outro cientista holandês, retomou a pesquisa de onde Mayer havia parado. Ele se perguntou se alguma coisa além de vermes, fungos ou bactérias seria responsável pela doença do mosaico do tabaco, alguma coisa muito menor. Assim, triturou plantas doentes e passou a substância por um filtro tão fino que bloqueou todas as células, restando um fluido claro e livre delas. Quando Beijerinck o injetou em plantas saudáveis, elas desenvolveram a doença do mosaico do tabaco. E quando Beijerinck filtrou o suco das folhas de tabaco recém-infectadas, ele conseguiu transmitir a doença para plantas mais saudáveis.

Em 1898, Beijerinck se referiu ao suco filtrado como um "fluido vivo contagioso", em cujo interior havia algo que disseminava a doença do mosaico do tabaco. O pesquisador supôs que, apesar de essa substância estar viva, tinha de ser diferente da vida como ele a conhecia. No final do século 19, os pesquisadores acreditavam que todas as coisas vivas eram compostas de células. No entanto, no fluido de Beijerinck não havia nenhuma. E o que quer que lá existisse devia ser notavelmente durável, pois mesmo com a adição de álcool continuava infectante. Nem sequer aquecê-lo até quase entrar em ebulição o prejudicava. Beijerinck embebeu o papel de filtro na seiva infecciosa e deixou-o secar. Três meses depois, ele mergulharia o papel na água e usaria a solução para adoecer novas plantas.

Beijerinck nomeou o misterioso agente no fluido vivo contagioso de *vírus*, atribuindo, assim, um novo significado a essa palavra tão antiga. Entretanto, não conseguiu definir o que era um vírus, apontando, em síntese, o que não era: nem um animal, nem uma planta, nem um fungo ou bactéria. Era outra coisa.

Logo se tornou evidente que Beijerinck havia descoberto apenas um tipo de vírus. No início do século 20, outros cientistas usaram o mesmo método de filtrar e infectar para descobrir outros vírus responsáveis por outras doenças. Por fim, aprenderam a cultivar alguns fora dos hospedeiros. Se era possível desenvolver colônias de células em uma placa de Petri, também poderiam desenvolver vírus.

Mesmo assim, os cientistas ainda não concordavam sobre o real significado dos vírus. Alguns defendiam serem parasitas que exploravam células. Outros afirmavam que se resumiam tão somente a produtos químicos. A polêmica era tão profunda que nem mesmo concordavam se os vírus estavam vivos ou mortos. Em 1923, o virologista britânico Frederick Twort declarou: "É impossível definir sua natureza".

Essa confusão começou a se dissipar com o trabalho de Wendell Stanley. Estudante de Química na década de 1920, Stanley aprendeu como fazer cristais por meio da combinação de moléculas em padrões repetidos. Os cientistas conheceram coisas sobre as moléculas em forma de cristal que não aprenderiam de outra forma. Assim, dispararam raios X nos cristais, que ricochetearam nos átomos e atingiram as placas fotográficas. Os raios X deixaram para trás padrões repetidos de curvas, linhas e pontos, os quais usavam para determinar a estrutura das moléculas no cristal.

No início do século 20, os cristais ajudaram na resolução de um dos maiores mistérios da biologia. Na época, os cientistas sabiam que nos seres vivos havia intrigantes moléculas denominadas enzimas, que podiam quebrar com precisão outras moléculas. Assim, visando descobrir a verdadeira natureza das enzimas, eles as transformaram em cristais. A assinatura de seus raios X revelou que eram compostas de proteínas. Avaliando o poder transformador dos vírus, Stanley se perguntou se eles não seriam feitos delas.

Para descobrir, escolheu uma espécie familiar, o vírus do mosaico do tabaco, e transformou-o em cristais. Stanley coletou o suco de plantas de tabaco infectadas e depois o passou por filtros finos, como Beijerinck décadas atrás. Removendo cada partícula de contaminação do fluido, preparou-o para cristalizar. Espantado, notou que pequenas agulhas começavam a se formar até crescerem em folhas opalescentes. Pela primeira vez na história, os vírus se tornaram visíveis a olho nu.

Stanley descobriu que esses cristais de vírus eram sólidos como um mineral, e que poderia armazená-los por meses como sal de cozinha em uma despensa. Mas, quando os adicionou na água, eles desapareceram, virando de novo um fluido vivo contagioso.

O experimento de Stanley, publicado em 1935, maravilhou o mundo. O *The New York Times* declarou: "A velha distinção entre morte e vida perde algo de sua validade".

Entretanto, o trabalho de Stanley, ainda que inovador, teve limitações. Para começar, ele incorreu em um erro pequeno, mas muito significativo: os vírus do mosaico do tabaco não se constituíam de proteína pura. Norman Pirie e Fred Bawden, cientistas britânicos, descobriram em 1936 que 5% do peso dos vírus eram compostos por outra molécula, uma misteriosa substância formada por um filamento chamado ácido nucleico. Mais tarde, cientistas descobriram que os ácidos nucleicos são a matéria dos genes, isto é, as instruções para a construção de proteínas e de outras moléculas. Nossas células armazenam seus genes em ácidos nucleicos de fita dupla, conhecidos como ácido desoxirribonucleico, ou apenas DNA. Em muitos vírus também existem genes baseados em DNA. Outros vírus, como o do mosaico do tabaco, têm uma forma de ácido nucleico de fita simples, denominada ácido ribonucleico, ou RNA. No entanto, os cientistas ainda demorariam décadas para descobrir como os vírus usavam esse material genético para dominar as células e fazer com que produzissem novos vírus.

Mesmo Stanley tendo pela primeira vez visto vírus, ele só os viu em massa. Em cada cristal poderia haver milhões de vírus do mosaico do tabaco aninhados em uma rede interligada. Para ver vírus individuais, os cientistas primeiro precisaram inventar uma nova geração de microscópios, que usam um feixe de elétrons para revelar objetos minúsculos. Em 1939, Gustav Kausche, Edgar Pfannkuch e Helmut Ruska misturaram cristais de mosaico de tabaco em gotas de água purificada e os colocaram sob um dos novos aparelhos. E então conseguiram ver minúsculos bastões, cada um com cerca de 300 nanômetros de comprimento.

Nunca ninguém vira uma coisa viva tão ínfima. Para estimar o tamanho dos vírus, coloque um único grão de sal sobre a mesa. Observe-o. Você pode alinhar cerca de dez células da pele ao longo de um lado dele. Pode alinhar cerca de cem bactérias. E poderia alinhar mil vírus do mosaico do tabaco, de ponta a ponta, ao lado do mesmo grão de sal.

Nas décadas seguintes, virologistas dissecaram os vírus visando ao mapeamento da sua geografia molecular. Ainda que neles existam ácidos nucleicos e proteínas como nossas próprias células, os vírus usam essas moléculas de uma maneira bastante distinta. Milhões de moléculas diferentes enchem uma célula humana, as quais estão em constante movimento, separando-se ou unindo-se umas às outras, processo que a célula usa para sentir seu ambiente, rastejar, alimentar-se, crescer e decidir se deve se dividir em duas ou matar a si própria para o bem de células semelhantes. Os virologistas descobriram não só que os vírus, como regra, são muito mais simples, tipicamente meras conchas de proteínas com alguns genes, mas também que conseguem se replicar, apesar das insignificantes instruções genéticas, por meio do sequestro de outras formas de vida. Nesse processo, eles injetam seus genes e proteínas em uma célula hospedeira, que manipulam para produzir novas cópias deles. Um vírus entra em uma célula e, em um dia, milhares podem emergir.

Na década de 1950, os virologistas compreenderam esses fatos fundamentais, o que, entretanto, não deteve a virologia. Afinal, sabiam pouco sobre por que os vírus nos deixam doentes. Desconheciam por que os papilomavírus podiam causar o crescimento de chifres em coelhos e ainda centenas de milhares de casos de câncer cervical a cada ano. Desconheciam por que alguns vírus eram mortais e outros relativamente inofensivos. Ainda precisavam aprender como os vírus se esquivavam das defesas de seus hospedeiros e como evoluíam mais rápido do que qualquer outra coisa no planeta. Nos anos 1950, desconheciam também que, décadas antes, um vírus havia se transmitido de chimpanzés e outros primatas para os humanos, tornando-se um dos maiores malfeitores da história, o conhecido HIV. Nem sequer previam que em 2020 um novo vírus, o Sars-CoV-2, varreria o planeta, mergulhando a economia global na pior crise desde a Grande Depressão.

Na década de 1950, os cientistas desconheciam a importância dos vírus para além das doenças. Nem sonhavam com o imenso número deles existente na Terra; nem imaginavam que grande parte da diversidade genética da vida é transportada por vírus. Desconheciam que os vírus ajudam na produção de grande parte do oxigênio que respiramos e no controle climático do planeta. E com certeza não imaginavam que o genoma humano é parcialmente composto de milhares de vírus que infectaram nossos ancestrais distantes, ou que a vida como a conhecemos pode ter começado há 4 bilhões de anos a partir dos vírus.

Agora os cientistas já sabem essas coisas, ou, para ser mais preciso, sabem *dessas* coisas. E reconhecem que, desde a Caverna dos Cristais até o próprio interior de nosso corpo, a Terra é um planeta de vírus. Esse entendimento ainda é complicado, mas representa um começo.

Então, vamos compreendê-lo também.

VELHOS COMPANHEIROS

O RESFRIADO COMUM

A LENTA CONQUISTA GLOBAL DOS RINOVÍRUS

Há aproximadamente 3.500 anos, um médico egípcio escreveu o mais antigo texto de medicina conhecido. Em meio às doenças relatadas, havia uma denominada *resh*. Apesar do som estranho da palavra, os sintomas da enfermidade – tosse e secreção nasal – são familiares para todos nós. *Resh* é o resfriado comum.

Alguns vírus atuais são novos para a humanidade; outros, ainda desconhecidos e exóticos. Mas os rinovírus humanos, principais responsáveis pelo resfriado comum, são nossos velhos companheiros.

Estima-se que todo ser humano do planeta vai passar um ano de vida acamado devido a resfriados. Em outras palavras, o rinovírus humano é o mais bem-sucedido de todos.

Antes de descobri-lo, os médicos não conseguiam explicar o motivo dos resfriados. Hipócrates, antigo médico grego, apontou como causa um desequilíbrio dos humores. Dois mil anos depois, no início do século 19, nosso conhecimento sobre o assunto não havia avançado muito. Leonard Hill, fisiologista, declarou que a causa dos resfriados eram as caminhadas matutinas ao ar livre.

Em 1914, Walther Kruse, microbiólogo alemão, conseguiu o primeiro indício consistente sobre a origem dos resfriados quando um assistente adoecido assoou o nariz. Kruse misturou a secreção em uma solução de sal, filtrou-a e depois inoculou algumas gotas do líquido no nariz de doze colaboradores; quatro ficaram resfriados. Mais tarde, Kruse repetiu a experiência em 36 estudantes, e 15 adoeceram. Em paralelo a esse experimento, o cientista também acompanhou 35 pessoas que não haviam recebido as gotas; apenas uma ficou resfriada. Os estudos de Kruse evidenciaram que nas gotículas exaladas por indivíduos resfriados havia um patógeno minúsculo responsável pela doença.

A princípio, muitos especialistas acreditaram que aquilo era algum tipo de bactéria; Alphonse Dochez, médico americano, excluiu essa possibilidade em 1927. Ao filtrar o muco de pessoas resfriadas e remover as bactérias – a mesma ideia de Beijerinck trinta anos antes, quando filtrou a seiva da planta do tabaco –, Dochez constatou que o fluido ainda adoecia as pessoas. Só um vírus poderia ter passado pelos filtros.

Transcorreram mais três décadas antes que os cientistas descobrissem exatamente quais vírus causavam o resfriado. Os mais comuns deles, conhecidos como rinovírus humanos (*rino* significa

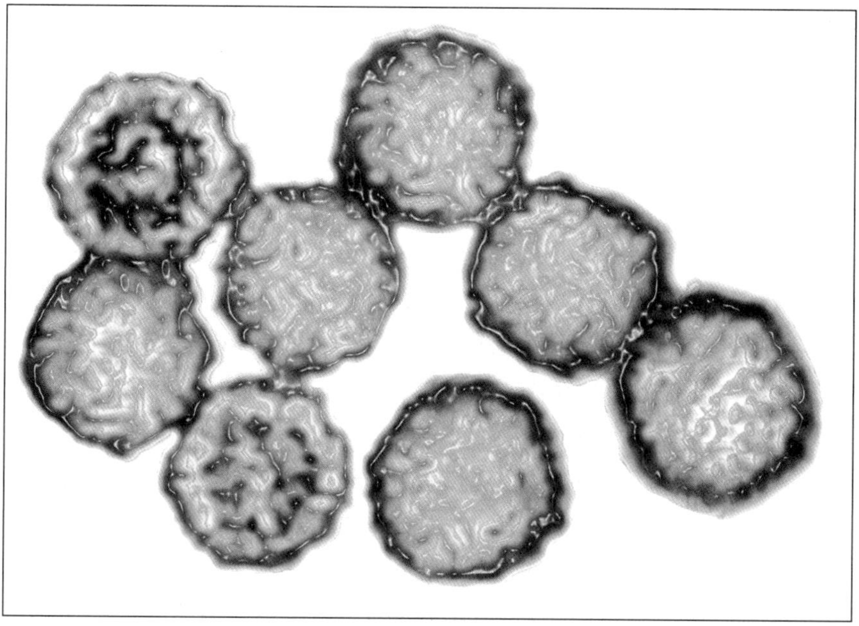

Rinovírus, a causa mais comum dos resfriados

nariz), são bastante simples. Nós, humanos, temos cerca de 20 mil genes; os rinovírus, apenas dez. E mesmo assim basta esse haicai de informação genética para que os rinovírus invadam nossos corpos, enganem nosso sistema imunológico e reproduzam novos vírus, que podem escapar para ir em busca de outros hospedeiros.

Para chegar a eles, os rinovírus viajam em gotículas, sejam as exaladas a cada respiração, sejam as expelidas quando espirramos ou tossimos. Uma limpeza descuidada do nariz leva essas gotículas a nossas mãos, que as transferem para maçanetas, botões de elevador e outras superfícies, de onde podem passar para as mãos de outras pessoas, chegando, assim, ao nariz.

Uma vez dentro dele, os rinovírus aderem às células que revestem as cavidades nasais, usando-as como hospedeiras para fazer cópias de seu material genético, junto com escudos de proteína para mantê-los. Então, a célula hospedeira se rompe e os novos rinovírus escapam. Em alguns hospedeiros, limitam-se ao nariz, mas em outros deslizam até a garganta e até mesmo os pulmões. No entanto, se infectam relativamente poucas células e causam um dano real limitado, como explicar tanto mal-estar? A culpa recai em nós mesmos. Células infectadas liberam moléculas sinalizadoras chamadas citocinas, que ativam células do sistema imunológico, razão pela qual nos sentimos péssimos. Causam inflamações que desencadeiam uma sensação de coceira na garganta e levam à produção de abundante mucosidade ao redor da infecção. Para nos recuperarmos, temos de esperar não apenas que o sistema imunológico elimine o vírus, mas também que volte ao normal.

No Antigo Egito, os médicos tratavam o *resh* untando o redor do nariz com uma mistura de mel, ervas e incenso. Quinze séculos depois, o erudito romano Plínio, o Velho, recomendava esfregar um rato no nariz. Na Europa do século 17, alguns médicos usavam uma mistura de pólvora e ovos; outros, uma mistura de sebo e estrume de vaca frito. Leonard Hill recomendava começar o dia com uma ducha fria.

Nenhum desses tratamentos funcionou, e ainda hoje não temos um medicamento comprovadamente eficaz para o resfriado comum. Por volta do ano 2000, os pesquisadores se entusiasmaram com a descoberta de que o zinco podia impedir que os rinovírus infectassem células cultivadas em placas de Petri. Em pouco tempo, as farmácias estavam vendendo comprimidos de zinco sem receita médica, mesmo sem qualquer comprovação de que o efeito era igual em pessoas. Mais tarde, alguns pequenos ensaios clínicos sugeriram que o zinco reduzia o resfriado em alguns dias. Entretanto, quando Harri Hemilä, cientista finlandês, conduziu um experimento cuidadosamente planejado com 253 voluntários, não encontrou nenhum benefício. Na verdade, ocorreu o oposto: em 2019, Hemilä relatou que os voluntários que ingeriram comprimidos de zinco demoraram mais para se recuperar de um resfriado do que os que ingeriram comprimidos de açúcar.

Outros tratamentos comuns para o resfriado podem não ser apenas inúteis, mas também causar danos. Quando as crianças se resfriam, os pais costumam dar a elas xarope para tosse, porém estudos mostram que elas não melhorarão mais rápido. Ocorre que o xarope expectorante apresenta muitos efeitos colaterais que, apesar de raros, podem ser graves, como convulsões, aceleração da frequência cardíaca e até morte. A Food and Drug Administration (FDA)* dos Estados Unidos orienta que crianças menores de dois anos resfriadas com mais frequência não tomem xarope para tosse.

Também é errado tratar um resfriado com antibióticos, pois, projetados para matar bactérias, são inúteis contra vírus. Entretanto, os médicos os prescrevem com lamentável frequência. Em alguns casos, é até difícil dizer, considerando os sintomas dos pacientes, se a infecção ocorre por rinovírus ou bactérias. Em outros casos, os médicos agem devido à pressão de pais preocupados para que façam alguma coisa. O mal dos antibióticos, nessas situações, não se restringe a um paciente; todos somos afetados, afinal, nosso corpo abriga trilhões de bactérias inofensivas, e os antibióticos podem fomentar a evolução de cepas resistentes, capazes de transmitir seus genes para micróbios causadores de doenças. Como resultado, quando precisamos que os antibióticos atuem, eles talvez não funcionem.

É possível que o tratamento do resfriado continue tão complicado em razão de subestimarmos o rinovírus. Ele existe sob muitas formas, e os cientistas estão apenas começando a ter uma ideia real

---

* Administração de alimentos e medicamentos dos Estados Unidos, uma agência federal do Departamento de Saúde e Serviços Humanos dos Estados Unidos. (N.T.)

de sua diversidade genética. Conforme uma célula produz novos rinovírus, com frequência comete erros ao copiar os genes do vírus, e, portanto, por gerações as linhagens dele ficam mais e mais diferentes. Por volta do final do século 20, cientistas identificaram dezenas de cepas de rinovírus que pertenciam a duas grandes linhagens, conhecidas como HRV-A e HRV-B.

Em 2006, Ian Lipkin e Thomas Briese, da Universidade Colúmbia, descobriram que alguns nova-iorquinos com sintomas de gripe estavam infectados com rinovírus que não pertenciam a nenhuma das duas linhagens. Haviam desenvolvido uma terceira, na época ainda desconhecida, que denominaram HRV-C. Desde então, pesquisadores descobriram o HRV-C no mundo todo.

Quanto mais cepas se encontram, melhor se compreende a história evolutiva dos rinovírus. Alguns de seus genes evoluem muito rápido à medida que os vírus ultrapassam nosso sistema imunológico. Na luta contra eles, recorremos aos anticorpos, moléculas que podem se ligar à superfície de um vírus e inativá-lo. Porém, como mutações são capazes de alterar a superfície dos rinovírus, eles conseguem escapar de novo.

Essa rápida evolução ajudou na criação de tamanha diversidade de rinovírus, que cada um de nós pode ser infectado por várias cepas diferentes de rinovírus humano a cada ano. Essa evolução frustra não apenas nosso sistema imunológico, mas também os pesquisadores que tentam criar antivirais para curar resfriados. Portanto, se um antiviral atua contra uma cepa de rinovírus, pode falhar contra outras. E sempre existe a possibilidade de que uma nova mutação permita que um rinovírus resista à droga e exploda em números enquanto outros morrem.

Mesmo sem cura para o resfriado comum, não devemos desistir nem nos desesperar. Embora algumas partes dos rinovírus evoluam rapidamente, outras quase não se alteram, ainda que as mutações possam ser letais. Se os cientistas conseguirem atingir os pontos vulneráveis do rinovírus, talvez o eliminem da Terra.

Mas deveriam? Na verdade, não se sabe bem a resposta. Os rinovírus humanos geram um grave fardo à saúde pública, não apenas pelos resfriados, mas também por abrirem caminho para patógenos mais nocivos. No entanto, seus efeitos são quase sempre leves. A maioria dos resfriados termina em menos de uma semana, e 40% das pessoas com teste positivo para rinovírus não apresentam sintoma algum. Na verdade, os rinovírus até causam alguns benefícios para seus hospedeiros humanos. Cientistas reuniram evidências de que as crianças que adoecem por vírus e bactérias inofensivos podem estar protegidas contra distúrbios imunológicos mais tarde, tais como alergias e Doença de Crohn.* Os rinovírus humanos ajudam a treinar nosso sistema imunológico a uma reação não exagerada a gatilhos menores, em vez de direcionar seus ataques a ameaças reais. Talvez não seja adequado pensar nos resfriados como velhos e antigos inimigos, mas como velhos e sábios professores.

* Doença de Crohn é uma síndrome que afeta o sistema digestório. (N.T.)

UM OLHAR PARA AS ESTRELAS

A REINVENÇÃO INTERMINÁVEL DA INFLUENZA

Influenza – de origem italiana, a palavra significa influência. Se fecharmos os olhos e a pronunciarmos, soará encantadora, sem dúvida um bom nome para uma pitoresca aldeia italiana antiga. E é de fato antiga, pois remete à Idade Média. No entanto, as associações charmosas param aí. A doença recebeu esse nome porque os médicos medievais acreditavam que as estrelas influenciavam a saúde dos pacientes.

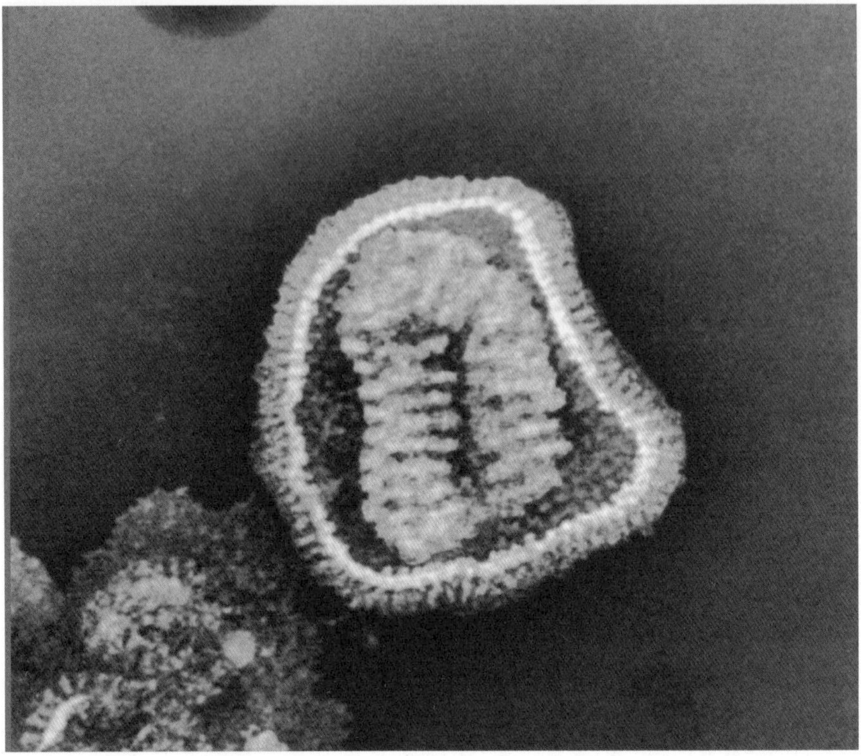

Vírus da influenza: a camada do envelope e capsídeo com segmentos de RNA internos

Esses vírus, além da possibilidade de causarem uma debilitante febre, podem provocar grandes surtos com intervalos de poucas décadas.

A influenza continua a devastar o mundo. Em 1918, um surto de gripe bastante virulento se disseminou pelo planeta e matou cerca de 50 a 100 milhões de pessoas. Mesmo em anos normais, a influenza deixa um rastro brutal. A Organização Mundial da Saúde estima que ela atinja anualmente 1 bilhão de pessoas, matando entre 290 mil e 650 mil delas.

Hoje os cientistas sabem que a influenza não é obra dos céus, mas de um vírus microscópico. Como os rinovírus causadores de resfriados, os da influenza conseguem provocar estragos com bem pouca informação genética, apenas treze genes, que se disseminam nas gotículas liberadas pelos doentes através de tosse, espirro e secreção nasal. Uma vez que o vírus da gripe atinge o nariz ou a garganta, ele pode se prender a uma célula que reveste as vias respiratórias e deslizar para o interior do organismo. À medida que esses vírus se disseminam de célula para célula, deixam um caminho de destruição, arrasando o muco e as células que revestem as vias aéreas como um cortador de grama em ação.

Graças ao nosso sistema imunológico, para a maioria das pessoas essa destruição dura somente uns poucos dias. Afinal, assim como nosso sistema é capaz de aprender a produzir anticorpos contra os rinovírus, ele também pode aprender a produzir anticorpos contra os vírus da influenza, alvejando as próprias proteínas dela. Uma das formas mais comuns de os anticorpos nos protegerem da gripe é ligando-se à ponta das proteínas que se projetam da superfície dos vírus, que usam essas extremidades para se ligar às células e invadi-las. Os anticorpos impedem que eles entrem, em um processo semelhante a colocar um chiclete na ponta de uma chave para que ela não gire na fechadura.

No entanto, e infelizmente, é possível um anticorpo atuar em um tipo de vírus da gripe sem funcionar em outro. Há mais de 130 subtipos de influenza circulando entre nós, seres humanos, e a cada temporada alguns dominam a população viral. Portanto, se já temos anticorpos para um subtipo, não adoecemos. Se aparecer outro subtipo, talvez adoeçamos por um tempo enquanto criamos novos anticorpos para bloqueá-lo. Nesse ínterim, o vírus pode se disseminar para os pulmões, causando mais danos. Em geral, a camada superior das células serve como uma barreira contra uma imensa gama de patógenos, que ficam presos no muco; as células os prendem com cílios, notificando rapidamente o sistema imunológico sobre invasores. Depois que o cortador de grama da gripe elimina essa camada protetora, os agentes patogênicos podem deslizar e causar perigosas infecções pulmonares, algumas até fatais.

A vacina contra a gripe é capaz de reduzir drasticamente as chances de um desfecho trágico. Ela é formulada com proteínas que penetram na superfície dos vírus da influenza, estimulando o sistema imunológico a preparar anticorpos antes da infecção por vírus reais. E, lembremos, ela precisa corresponder a um subtipo de gripe para ter mais eficácia. Como os subtipos mudam de ano em ano, temos de nos vacinar no início de cada temporada de gripe para manter nossas defesas atualizadas.

Visando monitorar essa mutação forte e implacável, os cientistas coletam em todo o mundo vírus de pacientes e leem sua sequência de genes. Assim, observam o surgimento de novas mutações, criando pequenas alterações nas proteínas da influenza, e rastreiam uma versão viral em nossas vias aéreas. Quando um vírus da gripe pega carona a bordo de uma gota e infecta um novo hospedeiro, às vezes acaba invadindo uma célula que já está abrigando outro vírus da gripe. E quando dois vírus de gripe diferentes se reproduzem na mesma célula, as coisas podem ficar complicadas.

Os genes de um vírus da gripe são armazenados em oito segmentos separados. No momento em que uma célula hospedeira começa a produção simultânea dos segmentos de dois vírus diferentes, eles às vezes se misturam. Os novos descendentes acabam carregando material genético de ambos os vírus, em uma combinação conhecida como rearranjo. Em um processo semelhante, para os humanos gerarem uma criança, os genes dos pais se misturam, criando novas combinações dos mesmos dois conjuntos de DNA. O rearranjo permite que os vírus da gripe misturem genes em novas combinações deles próprios, as quais podem levá-los a escapar de nosso sistema imunológico e se disseminar mais rápido de pessoa para pessoa.

A cada poucas décadas, esse ciclo comum de mutação e rearranjo é interrompido por alguma coisa bem mais séria: uma pandemia. Um novo subtipo de gripe surge e se dissemina pelo mundo, desencadeando uma onda de mortes. À pandemia de 1918, a primeira do século 20, seguiram-se outras: 1957 (de 1 a 2 milhões de mortes), 1968 (700 mil mortes) e 2009 (363 mil mortes).

Esses novos subtipos de gripe não chegaram até nós oriundos das estrelas. Vieram das aves. Mais de cem espécies diferentes delas podem ser infectadas pelo vírus da influenza, pois carregam todas as cepas conhecidas do vírus da influenza humana, e mais uma imensa diversidade de outros vírus da gripe que não infectam os humanos (pelo menos ainda não). No entanto, em vez de infectarem as vias respiratórias das aves, os vírus da gripe em geral infectam as vísceras desses animais, onde se escondem inofensivos. Eliminados pelos excrementos, acabam infectando aves saudáveis que ingerem água contaminada.

Às vezes, a gripe aviária contamina as pessoas, que podem pegar o vírus em uma granja ou em um mercado de aves. Para entrarem nas células das vísceras das aves, os receptores usados pelos vírus da gripe são semelhantes aos das vias respiratórias. Os vírus da gripe aviária às vezes se prendem a esses receptores e deslizam para o interior do nosso organismo.

Entretanto, a maioria dessas invasões fracassa, pois os genes de que o vírus da gripe aviária precisa para se desenvolver diferem daqueles necessários ao corpo humano. Nosso corpo é mais frio do que o das aves, e essa diferença significa que as moléculas necessitam de formas diferentes para fluírem com eficiência. Como consequência, os vírus da gripe aviária podem se replicar de modo mais lento em nosso corpo, tornando-os presas fáceis para nosso sistema imunológico. Consideremos ainda que, como esses vírus se adaptam às vísceras das aves e à água, fica mais complicada a disseminação em gotículas de uma pessoa para outra. Em razão dessa incompatibilidade, a gripe aviária raramente se transmite de um indivíduo para outro. Por exemplo, a partir de 2005, uma cepa da gripe aviária denominada H5N1 começou a infectar centenas de pessoas no Sudeste Asiático. Porém, ainda que muito perigoso para os infectados, nunca foi transmitido entre pessoas.

Mas cabe destacar que, de vez em quando, os vírus da gripe aviária conseguem se adaptar ao nosso corpo, em um processo de mutações que lhes possibilitará o uso de nossas células para criar novos vírus com mais rapidez. Assim, são capazes de capturar genes inteiros por meio de rearranjo, transformando-se em híbridos de gripe aviária. Como resultado, uma nova cepa produzida a partir de uma dessas combinações facilmente poderá transmitir-se de pessoa para pessoa. E, pelo fato de nunca ter circulado antes entre os humanos, ninguém possui quaisquer defesas que retardem sua disseminação.

Ainda não estão claras as origens de cada pandemia de gripe, mas a mais bem compreendida é a de 2009, cuja história remonta à grande pandemia de 1918. O subtipo surgido naquela época, conhecido como H1N1, fez seu caminho de humanos para porcos, animais que continuaram sendo infectados muito depois do fim da pandemia humana. Como se transportavam os porcos de um país para outro em razão do comércio internacional, o subtipo H1N1 se disseminou por novos rebanhos, sofrendo mutações com o tempo.

Na década de 1990, os porcos da Europa e da América do Norte eram importantes para o México, e cada estoque de animais carregava a própria versão do H1N1. No México, esses dois tipos de influenza misturaram seus genes por meio do rearranjo em porcos.

Mais tarde, o vírus do H_1N_1 rearranjado misturou genes com outro subtipo chamado H_3N_2, possivelmente originário de aves. Esse híbrido de três linhagens continuou a circular entre os porcos mexicanos por anos, até que, segundo cientistas, saltou para os humanos no outono de 2008. E, então, disseminou-se silencioso entre pessoas por meses, antes de enfim aparecer na primavera seguinte.

Os funcionários da saúde pública se aterrorizaram com o aparecimento dessa nova gripe, que chamaram de Humano/Suína 2009 H_1N_1 (gripe suína). Era impossível prever com antecedência os resultados. Seriam tão graves quanto a pandemia de 1918? Mesmo se causassem apenas uma fração do número de mortos pela gripe anterior, já seria uma catástrofe. E assim as organizações de saúde pública lançaram uma campanha global para proteger as pessoas da infecção.

Infelizmente, o vírus se revelou muito contagioso. E, também infelizmente, levaram vários meses para criar uma nova vacina contra o H_1N_1 de 2009, a qual fornecia proteção moderada. O resultado foi que o H_1N_1 dessa época se disseminou de um país para outro, infectando de 10 a 20% de todas as pessoas do planeta. Mas, para surpresa e alívio dos cientistas, ele comprovou ser comparativamente leve. Embora não se deva ignorar a perda de 363 mil vidas, é importante reconhecer que o número de mortos poderia ter sido muito maior.

Escrevo em 2021, quando aguardamos a próxima pandemia de influenza. Esses vírus estão se misturando e evoluindo em bilhões de aves, em criações de perus, em praias, em escalas de migração em todo o mundo. Um dia, surgirá uma nova receita. E nem sequer os cientistas são capazes de prever se será leve como em 2009 ou desastrosa como em 1918. O importante é não estarmos desamparados enquanto esperamos para ver o que a evolução nos reserva. Todos devemos agir para retardar a disseminação da gripe, por exemplo, lavando as mãos. E os cientistas estão aprendendo como criar vacinas mais eficazes por meio do rastreamento da evolução do vírus da gripe, o que lhes permitirá prever com mais exatidão quais cepas serão mais perigosas nas temporadas virais. Podemos ainda não ter superioridade sobre a gripe, mas pelo menos não precisamos mais olhar para as estrelas em busca de defesa.

COELHOS COM CHIFRES

O PAPILOMAVÍRUS HUMANO E O CÂNCER INFECCIOSO

Histórias envolvendo coelhos com chifres circularam durante séculos, até se cristalizarem no mito do *jackalope* (lebrílope). Se formos a Wyoming e girarmos uma prateleira de cartões-postais, encontraremos a imagem de um coelho com um par de chifres. Se entrarmos em uma lanchonete, veremos um *jackalope,* ou pelo menos a cabeça de um fixada na parede. Pura bobagem. Os *jackalopes* nas paredes e nos cartões-postais não passam de truques da taxidermia, ou seja, coelhos com pedaços de chifre de antílopes grudados nas cabeças.

Mas, como muitos mitos, a história do coelhinho tem um fundo de verdade. Na cabeça de alguns coelhos reais, de fato brota alguma coisa em formato de chifres.

No início dos anos 1930, Richard Shope, cientista da Universidade Rockefeller, ouviu falar de coelhos com chifres durante uma viagem de caça. Ao retornar para Nova York, ele pediu a um amigo que pegasse uma dessas estranhas criaturas e lhe enviasse um pedaço do chifre, para examiná-lo no laboratório. Afinal, acreditava que era um tumor.

A suspeita de Shope surgiu de um relato de Francis Rous, colega da universidade. Mais de vinte anos antes, em 1909, Rous recebeu a visita de uma criadora de galinhas de Long Island, que apareceu com uma galinha da raça Plymouth Rock, em cujo peito havia um caroço preocupante. A mulher temia que fosse algum tipo de infecção que talvez se disseminasse para outros animais.

Rous triturou o material, misturou-o com água e passou-o por um filtro fino. E descobriu, como Beijerinck descobrira antes, que havia criado um fluido vivo contagioso, que poderia usar para infectar outras galinhas e fazê-las também produzirem a mesma massa. Mas, quando Rous olhou para o material no microscópio, surpreendeu-se. Eram tumores. Rous descobrira um vírus causador do câncer. Ao publicar sua descoberta, a maioria dos cientistas a recebeu com ceticismo, pois ia de encontro a tudo que pensavam saber sobre vírus e câncer. E esse ceticismo se acentuou ainda mais quando Rous tentou encontrar vírus cancerígenos em outros animais e fracassou.

Quando Shope ouviu falar de *jackalopes*, ele imaginou se não seriam os animais que Rous procurava. Então, tão logo os chifres chegaram a Nova York, Shope seguiu as etapas do experimento de Rous: triturou-os, misturou-os em uma solução e passou o líquido

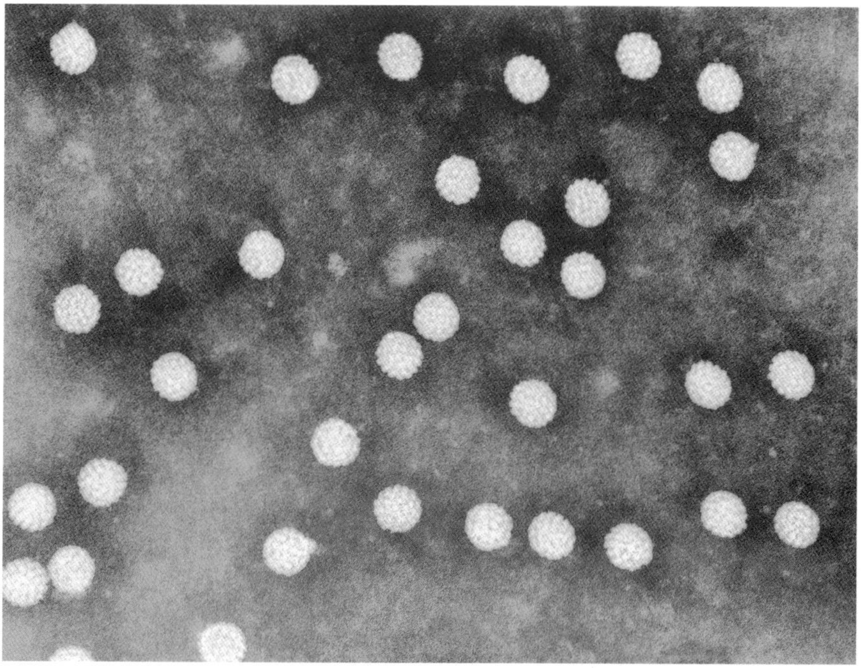

Papilomavírus humano (HPV) em suspensão

por um filtro de porcelana, cujos poros finos permitiam a passagem somente dos vírus. Depois, Shope friccionou a solução filtrada nas cabeças de coelhos saudáveis. Resultado: surgiram chifres. Com esse experimento, o cientista foi além de mostrar que nos chifres havia vírus; provou que os vírus criavam os chifres a partir de células infectadas.

Shope então entregou sua coleção de tecidos de coelho para Rous, que continuou trabalhando nela por décadas. Era bem possível que os coelhos transmitissem o vírus uns aos outros por meio do contato físico, o que explicaria a razão de produzirem tumores cutâneos. Para descobrir o efeito dos vírus em outras partes do corpo, Rous injetou um líquido carregado de vírus no interior de coelhos. Em vez de chifres inofensivos, o resultado foram cânceres agressivos que mataram os animais. Por essa pesquisa relacionando vírus e câncer, Rous ganhou o Prêmio Nobel de Medicina em 1966.

As descobertas de Shope e Rous levaram os cientistas a observar tumores em outros animais. Por exemplo, às vezes as vacas desenvolvem monstruosos e deformados nódulos cutâneos tão grandes quanto toranjas. Verrugas crescem em mamíferos, de golfinhos a tigres e humanos. E, em raras ocasiões, transformam pessoas em *jackalopes* humanos.

No início dos anos 1980, Dede Koswara, um menino indonésio, começou a desenvolver verrugas no joelho, as quais logo se disseminaram para outras partes do corpo. Em pouco tempo, cresceram tanto, nas mãos e nos pés, que se assemelhavam a garras gigantes. Impossibilitado de assumir um trabalho regular, Dede acabou exibido em um show de horrores, com o apelido de Homem-Árvore. Relatos sobre o rapaz ganharam os noticiários, até que, em 2007, os médicos removeram quase 6 quilos de verrugas do corpo dele. Mas novos nódulos surgiram, e Dede precisou passar por mais cirurgias antes de falecer em 2016, aos 45 anos.

Os nódulos de Dede, assim como todos os outros em mamíferos, incluindo os humanos, foram causados por um único vírus, do mesmo tipo que coloca chifres em coelhos. Chama-se papilomavírus em referência à papila (bico de mama, bolha pequena em latim) de células portadoras de vírus que se formam durante uma infecção.

No início, o papilomavírus humano (HPV) não parecia representar uma ameaça significativa à saúde pública. Casos como o de Dede ocorriam muito raramente, e as verrugas, mesmo comuns, eram em geral inofensivas. No entanto, na década de 1970, Harald zur Hausen, pesquisador alemão, especulou que os papilomavírus poderiam na verdade ser uma ameaça muito maior, pois talvez fossem a causa do câncer cervical, que mata mais de 300 mil mulheres todos os anos.

Em mulheres que desenvolvem esse tipo de câncer, os tumores crescem no colo do útero, o tecido que liga o útero à vagina. Conforme crescem, eles podem danificar o tecido circundante, até mesmo provocando obstrução intestinal e sangramento fatal. Quando os pesquisadores estudaram mulheres com câncer cervical, observaram alguns padrões estranhos, pois ele parecia se disseminar como uma doença sexualmente transmissível. Por exemplo, em freiras o câncer cervical é bem menos frequente. Portanto, alguns cientistas especularam que um vírus transmitido durante o sexo causava esse tipo de câncer. Diante desse quadro, Hausen se perguntou se os papilomavírus seriam os responsáveis.

Se essa hipótese se comprovasse, Hausen pensou que deveria encontrar o DNA do vírus em tumores cervicais, o que o levou a coletar biópsias e classificar o DNA delas. Limitado pelos primitivos instrumentos científicos da década de 1970, Hausen pesquisou por anos, até que em 1983 descobriu o DNA do papilomavírus camuflado em algumas das amostras. Por seus esforços, o cientista alemão compartilhou o Prêmio Nobel de Fisiologia ou Medicina em 2008.

A descoberta de Hausen levou gerações de cientistas a estudarem os papilomavírus e a maneira notável como se apropriam de nossas células. O HPV é especializado na infecção de camadas de tecido conhecidas como epitélios; células epiteliais revestem nossa pele, nossa garganta e as membranas em nosso corpo. As células são justapostas em camadas, com as mais antigas no topo e as mais novas na base. Conforme a camada epitelial superior morre e desprende as células mortas, as mais novas da base tomam seu lugar.

Para se estabelecer em nosso corpo, o HPV se infiltra no epitélio por meio de incisões e atua abrindo caminho até as camadas mais profundas e mais jovens. Ele não mata de imediato uma nova célula infectada, como os rinovírus ou a influenza, pois usa uma estratégia bastante diferente para prosperar: o vírus mantém seu novo hospedeiro vivo e até ajuda a célula a se multiplicar com mais rapidez.

Acelerar a divisão de uma célula não é uma proeza pequena, sobretudo para um vírus com apenas oito genes, que precisa incorporar uma série de reações bioquímicas maravilhosamente complexas. Uma célula "decide" se dividir em resposta a sinais externos e internos, para tanto mobilizando um exército de moléculas que reorganizam seu conteúdo. A estrutura interna de filamentos se reagrupa, separando o conteúdo da célula em duas extremidades. Ao mesmo tempo, a célula cria uma nova cópia de seu DNA – mais de 3 bilhões de "letras" ao todo, organizadas em 46 grupos chamados conjuntos de cromossomos. À célula cabe separar os dois conjuntos e construir uma parede entre eles. Proteínas fiscalizadoras monitoram o progresso dessa agitada operação. Caso elas sintam o crescimento muito acelerado de uma célula – talvez em razão de um gene defeituoso –, podem fazer com que cometam suicídio, salvando-nos do câncer muitas vezes ao dia. A taxa de divisão das células epiteliais também muda conforme sobem para a superfície. Elas desaceleram, canalizando seus recursos para a produção da queratina, uma proteína dura e resistente, até que morrem, formando um escudo protetor no topo das células epiteliais mais delicadas abaixo.

O HPV transforma por completo uma célula hospedeira, desarmando as travas que normalmente a mantêm crescendo em ritmo normal. Ao eliminar da célula as proteínas de monitoramento do câncer, o vírus as impede de perceber que alguma coisa está errada. Assim, em vez de morrer conforme cresce, a célula infectada continua se multiplicando, criando um aglomerado de tecido abarrotado de vírus. Quando essas células se aproximam da superfície, todas elas de repente fabricam um gigantesco número de novos papilomavírus, que, ao alcançarem a superfície, se liberam, espalhando o HPV.

Essa estratégia tem funcionado perfeitamente para o HPV. O vírus coloniza a maioria dos bebês alguns dias depois do nascimento. Conforme a pele morta das pessoas descama, o vírus perambula pelas partículas de poeira e atinge novos hospedeiros. E também se dissemina através do sexo; mais de 80% dos adultos sexualmente ativos são contaminados com o HPV pelo menos uma vez. No entanto, em geral as células infectadas alcançam a superfície e morrem antes de virarem um problema.

Nosso sistema imunológico também ajuda a manter o vírus sob controle. Quando as células são infectadas, elas impulsionam fragmentos de proteínas virais para sua superfície em sinal de alarme. As células imunológicas que o reconhecem emitem comandos para que as infectadas cometam suicídio, destruindo os vírus no interior delas. Portanto, a maioria das pessoas não sofre de infecção por HPV. O caso de Dede revela o que acontece quando o sistema imunológico não controla o HPV. Uma rara doença genética denominada epidermodisplasia verruciforme (EV) desativa a rede de comunicação entre as células epiteliais e as células do sistema imunológico. Desse modo, as células infectadas se multiplicam com mais rapidez do que morrem, criando protuberâncias semelhantes a raízes e galhos de árvores.

Acontece um desequilíbrio muito mais comum quando o HPV consegue permanecer em um epitélio por um longo tempo. Em vez de se desprender passados alguns meses, ele cria uma massa agressiva de células infectadas que se transforma em tumor. Embora o HPV cause mais câncer no colo do útero, ele também pode criar tumores na vagina, no pênis e na parte posterior da garganta.

No entanto, os papilomavírus atingiram um equilíbrio pacífico na maioria de seus hospedeiros, por mais de 400 milhões de anos. Cientistas descobriram centenas de tipos de papilomavírus que infectam não apenas mamíferos, mas também aves, répteis e até peixes. São tão imensas as diferenças genéticas que se têm acumulado nos ramos da árvore genealógica do papilomavírus que as linhas de evidência sugerem que nossos ancestrais aquáticos já estavam infectados pelo vírus. Conforme foram divergindo em diferentes tipos de animais, os papilomavírus se adaptaram à biologia em evolução dos hospedeiros.

Em nosso próprio ramo primata da árvore da vida, vemos as trilhas paralelas do vírus e a evolução do hospedeiro. Aproximadamente 40 milhões de anos atrás, os ancestrais dos macacos que vivem nas Américas Central e do Sul se separaram dos ancestrais dos macacos e primatas da África, Europa e Ásia. Os papilomavírus que infectam primatas vivos apresentam a mesma separação; por exemplo, nossos papilomavírus se relacionam mais aos dos babuínos do Quênia do que aos dos bugios da Amazônia.

Cerca de 7 milhões de anos atrás, nossa própria linhagem se separou da dos chimpanzés e de outros macacos. Nossos ancestrais se tornaram usuários bípedes de ferramentas perambulando por grande parte da África. Há meio milhão de anos, nossa linhagem se dividiu em duas: uma saiu da África e evoluiu para os neandertais, e outra, semelhante aos humanos, foi denominada denisovana (hominídeo de Denisova). De volta à África, nossa própria espécie surgiu há cerca de 300 mil anos. Só bem depois, mais ou menos

60 mil anos atrás, os ancestrais das populações não africanas se expandiram para fora da África, alcançando a Ásia, a Austrália e a Europa. Neandertais e denisovanos sobreviveram até 40 mil anos atrás, coexistindo com humanos modernos por milhares de anos. Em nosso DNA existe um registro dessa sobreposição: uma pequena fração de nosso material genético corresponde ao DNA de neandertais e denisovanos encontrados nos respectivos fósseis.

A melhor explicação para essa combinação está no fato de os humanos modernos terem procriado com neandertais e denisovanos antes que se extinguissem. Isso também dá sentido a alguns dos padrões surpreendentes nos genes de nossos papilomavírus. Hoje, certas cepas do vírus são comuns em pessoas que vivem fora da África, mas raras entre os africanos. E mais, esses vírus não africanos têm mutações peculiares, sugerindo que vêm de linhagens tão antigas que antecedem a expansão dos humanos para além da África. Portanto, parece que os humanos modernos adquiriram o papilomavírus através do sexo com neandertais e denisovanos, e transmitiram esses patógenos durante dezenas de milhares de anos.

Porém, a primordial característica da evolução do HPV permanece um mistério: como ele conseguiu causar câncer fatal em humanos. Os chifres dos coelhos desenvolvidos a partir dos papilomavírus, ainda que impressionantes, são benignos. Fora de nossa espécie, é muito raro o vírus criar um tumor agressivo. Além disso, apenas algumas das cepas conhecidas de HPV causam a maioria dos cânceres em humanos. Por que impulsionam as células epiteliais ao câncer permanece uma questão ainda sem resposta.

Mesmo que por ora não entendamos muita coisa sobre o HPV, o que sabemos basta para fazer o antes impensável: erradicar um tipo de câncer com uma vacina. Quanto à prevenção do câncer, estamos mais acostumados aos conselhos sobre não fumar ou evitar produtos químicos que desencadeiam mutações. Mas, quando os cientistas descobriram o potencial cancerígeno do HPV, perceberam que seriam capazes de detê-lo. Assim, na década de 1990 pesquisadores começaram a desenvolver uma vacina com proteínas da camada externa do HPV. Vacinadas, as pessoas conseguem preparar um poderoso ataque imunológico contra o HPV antes que ele empurre as células epiteliais para o câncer. Os ensaios clínicos demonstraram que as vacinas forneciam proteção completa contra as duas cepas mais comuns do vírus causadoras de câncer. Em 2006, foram, enfim, aprovadas para uso.

A Austrália implantou em 2007 o primeiro programa nacional, e logo conseguiu vacinar 70% dos adolescentes de 12 ou 13 anos de idade. Em três anos, o número de tumores cervicais pré-cancerosos em australianas com menos de 18 anos caiu 38%. Na Escócia, um estudo de 2019 descobriu que a vacinação reduziu os tumores graves em 89%. As vacinas contra o HPV são tão eficazes em países com sólidos programas nacionais que talvez erradiquem o vírus dentro de suas fronteiras nos próximos anos. Infelizmente, entretanto, muitos outros países – incluindo o mais rico da Terra, os Estados Unidos – seguem bem atrasados. Milhares de mulheres estão desenvolvendo câncer desencadeado por vírus, o que poderia ter sido prevenido.

No futuro, outras formas de câncer poderão desaparecer por meio de vacinas. Pesquisadores descobriram que o HPV não é o único causador do câncer. Por exemplo, os vírus da hepatite podem causar câncer hepático, enquanto o vírus Epstein-Barr* pode produzir tumores gastrintestinais. No total, segundo cientistas, os vírus causam 11% de todos os casos de câncer, todos potencialmente evitáveis por vacinas.

* O vírus Epstein-Barr (EBV) é também conhecido como herpesvírus humano 4. (N.T.)

Porém, mesmo que todos os adolescentes sejam vacinados, é bem provável que o câncer cervical não desapareça. Afinal, a vacina contra o HPV alcança apenas as duas cepas responsáveis pela maioria dos tumores. Os cientistas identificaram outras treze de HPV causadoras de câncer, e há imensas probabilidades de existirem mais. Se as vacinas dizimarem as duas cepas mais bem-sucedidas, a seleção natural talvez favoreça a evolução de outras cepas. Nunca subestime a criatividade evolutiva de um vírus capaz de transformar coelhos em *jackalopes* ou homens em árvores.

EM TODA PARTE, EM TODAS AS COISAS

O INIMIGO DO NOSSO INIMIGO

BACTERIÓFAGOS COMO MEDICAMENTO VIRAL

No início do século 20, os cientistas já conheciam algumas coisas importantes sobre vírus. Sabiam que eram agentes infecciosos de dimensões incrivelmente pequenas; sabiam que alguns causavam determinadas doenças, como a do mosaico do tabaco e a raiva. A ciência da virologia, no entanto, ainda engatinhava, concentrando-se sobretudo nos vírus que mais preocupavam as pessoas, ou seja, os que as adoeciam e os que ameaçavam as plantações e as criações de animais. Portanto, era bem raro os virologistas observarem além do nosso pequeno círculo de experiência. Mas, durante a Primeira Guerra Mundial, dois médicos conseguiram vislumbrar o universo de vírus em que vivemos.

Em 1915, Frederick Twort descobriu esse universo mais por obra do acaso. Na época, pesquisava um modo mais fácil de produzir vacinas contra a varíola. No início de 1900, na vacina padrão para a doença havia um parente leve de varíola chamada *vaccinia*. Quando injetada nas pessoas, o sistema imunológico produzia anticorpos capazes de eliminar não apenas a *vaccinia*, mas também a varíola. Twort pensou se conseguiria produzir grandes estoques de *vaccinia* infectando células cultivadas em placas de Petri.

Apesar de esses experimentos fracassarem, pois bactérias contaminaram as placas e destruíram as células, Twort percebeu algo interessante: as camadas de bactérias que se desenvolviam nas placas ficavam pontilhadas com manchas vítreas. Sob um microscópio, Twort observou que estavam cheias de micróbios mortos. Então, coletou minúsculas gotas dos pontos vítreos e as transferiu para colônias de bactérias vivas; em horas, formaram-se novas manchas, repletas de mais bactérias mortas. Porém, quando Twort adicionou as gotas a uma espécie diferente de bactéria, nenhuma mancha se formou.

Havia três explicações para a ocorrência. Na primeira, poderia ser algum elemento bizarro do ciclo de vida da bactéria. Na segunda, talvez a bactéria cometesse suicídio ao produzir enzimas mortais. Na terceira, a mais difícil de acreditar, talvez Twort tivesse descoberto um vírus que matava bactérias.

Twort publicou seus estudos, listou as três possibilidades e não retomou o assunto. Mas, dois anos depois, Felix d'Herelle, um médico nascido no Canadá, trabalhando de modo independente, fez a mesma descoberta, com uma diferença: percebeu o que havia descoberto.

Em 1917, d'Herelle trabalhava como médico militar, cuidando de soldados franceses que estavam morrendo de disenteria, doença que leva ao risco de vida por diarreia, causada pela bactéria *Shigella*. Hoje, os médicos curam a disenteria e outras doenças bacterianas com antibióticos, mas eles só foram descobertos décadas após a Primeira Guerra Mundial. D'Herelle, frustrado por pouco ajudar os soldados, resolveu examinar a diarreia dos pacientes para melhor entender aquele inimigo.

Desse modo, passou as fezes por filtros finos, pelos quais apenas vírus e moléculas conseguiriam deslizar, a fim de reter a *Shigella* e qualquer outra bactéria que ali existisse. Quando d'Herelle conseguiu um fluido claro, livre de bactérias, o misturou com uma nova amostra da *Shigella* e espalhou essa mistura em placas de Petri. Apesar de a *Shigella* começar a crescer, passadas algumas horas d'Herelle notou manchas vítreas formando-se nas colônias.

Então, extraiu amostras dessas manchas e as misturou de novo com *Shigella*. Resultado: mais manchas vítreas se formaram. D'Herelle concluiu que estava olhando para campos de batalha em miniatura, onde os vírus matavam a *Shigella*, deixando para trás os cadáveres translúcidos.

Na época, era uma ideia radical, pois os conhecimentos dos virologistas se limitavam a vírus que infectavam animais e plantas. D'Herelle, decidindo que os vírus descobertos mereciam uma nomenclatura própria, chamou-os de *bacteriófagos*, isto é, "comedores de bactérias". Hoje, são conhecidos como *fagos*.

Jules Bordet, imunologista ganhador do prêmio Nobel, depois de ler o artigo de d'Herelle, decidiu procurar mais bacteriófagos. Trabalhando em tempos de paz, Bordet não usou *Shigella* de soldados doentes, escolhendo uma inofensiva predileta do pessoal que atua em laboratórios, a *Escherichia coli*. Seguindo os passos de d'Herelle, Bordet passou um líquido carregado de *E. coli* por filtros finos para isolar quaisquer fagos que nele existissem. Em seguida, misturou o líquido filtrado com um segundo grupo de *E. coli*, que morreu, assim como acontecera com as bactérias nos experimentos de d'Herelle.

Mas então Bordet deu um passo além: verificar o que aconteceria se adicionasse seu líquido filtrado às colônias do primeiro lote de *E. coli*, ou seja, aquele que filtrara antes. Se no líquido houvesse fagos, eles também deveriam matar essas bactérias. No entanto, para surpresa de Bordet, não se formou qualquer mancha vítrea; o primeiro lote de *E. coli* era imune ao que quer que tivesse matado o segundo lote. Bordet concluiu, então, que d'Herelle estava errado: fagos não existiam, e argumentou que as bactérias liberavam proteínas tóxicas capazes de matar outros micróbios, mas não a si mesmas.

D'Herelle reagiu contra Bordet, que contra-atacou, em um debate que se prolongou por anos. Somente na década de 1940 cientistas enfim encontraram a prova visual de que d'Herelle estava certo. Usando microscópios eletrônicos para visualizar o fluido daquelas manchas vítreas, descobriram um vírus de formato estranho, parecido com uma caixa do tipo de uma concha posicionada sobre uma haste de proteínas semelhantes a pernas de aranhas. Os fagos caíam na superfície da *E. coli* como um módulo lunar na Lua e, em seguida, entravam no micróbio, jorrando pelo DNA deles.

Bordet chegou a uma conclusão errada do experimento por desconhecer que os fagos podem ter dois ciclos de vida bastante diferentes. Os fagos de d'Herelle precisaram matar seus hospedeiros para a replicação. Infectaram as bactérias e imediatamente as forçaram a produzir novos fagos, que irromperam dos micróbios,

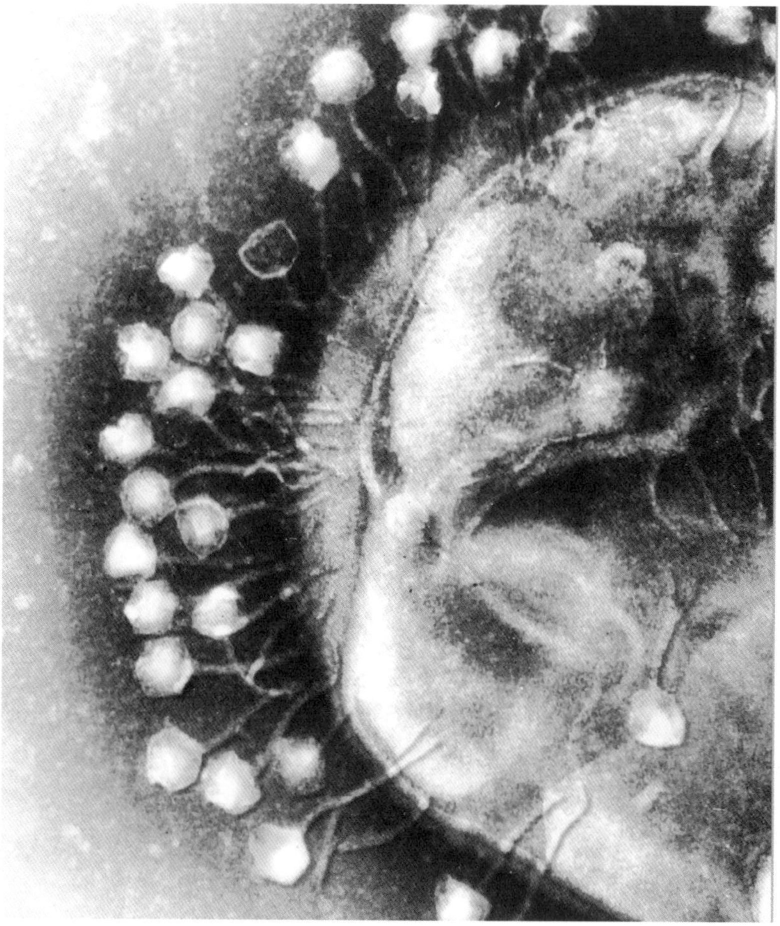

Bacteriófagos aderem à superfície da célula hospedeira, uma bactéria *Escherichia coli*

deixando seus restos para trás. Virologistas chamam os fagos que matam os hospedeiros de *líticos*.

Por outro lado, Bordet pesquisou fagos temperados – um tipo de vírus que se integra perfeitamente a seu hospedeiro e o deixa vivo. Os fagos temperados tratam as bactérias de modo muito similar a como os papilomavírus humanos tratam nossas células cutâneas.

Ao infectar um hospedeiro, o fago temperado insere os genes do vírus no DNA dele. A bactéria infectada continua a crescer e dividir-se, produzindo novos genes de vírus junto com os dela, como se o vírus e seu hospedeiro se tornassem um.

Mas os fagos temperados permanecem uma ameaça escondida. Se bactérias infectadas de repente vivenciam algum tipo de estresse, esse sinal as leva a ler os genes de seu fago inserido e produzir novos vírus, até que os fagos irrompem da célula e procuram novos hospedeiros vulneráveis. Porém, eles só conseguem invadir micróbios que ainda não portam um fago temperado. O experimento de Bordet fracassou porque seu estoque original de bactérias tinha imunidade viral.

D'Herelle não esperou o fim do debate sobre os fagos para tentar usá-los na cura para a disenteria. Se ele desse aos pacientes um suprimento extra de fagos, talvez conseguissem eliminar todas as bactérias e acabar com a infecção. No entanto, antes de testar essa hipótese, d'Herelle precisava ter certeza de que os fagos eram seguros. Assim, filtrou fluido misturado com *Shigella* para criar um grupo de fagos e o bebeu, "sem detectar o menor mal-estar", como escreveu mais tarde. Depois, d'Herelle injetou o fluido carregado de fagos na própria pele, mais uma vez sem efeitos danosos.

Confiante de que os fagos eram seguros, d'Herelle começou a usar sua "fagoterapia" em pacientes enfermos, e relatou que as pessoas se recuperavam da disenteria. Repetiu a experiência com outras doenças bacterianas, como cólera, e de novo obteve sucesso. Quando quatro passageiros de um navio francês no canal de Suez contraíram peste bubônica, d'Herelle os tratou com fagos. Todos se recuperaram.

O cientista já havia alcançado fama pela descoberta dos bacteriófagos, mas as curas o transformaram em celebridade. O escritor norte-americano Sinclair Lewis se baseou nisso para escrever seu romance best-seller de 1925, *Arrowsmith*, que Hollywood, em 1931, transformou em filme.* Enquanto isso, d'Herelle desenvolveu medicamentos baseados em fagos, vendidos pela empresa hoje conhecida como L'Oréal. Muitos clientes os usaram para tratar lesões cutâneas e para curar infecções intestinais.

Porém, a onda do fago não durou muito. Na década de 1930, pesquisadores descobriram os primeiros antibióticos – moléculas produzidas por fungos e bactérias que conseguiam eliminar infecções. Os médicos aderiram avidamente a esses produtos químicos inativos e confiáveis, que bem rápido se mostraram eficazes e seguros. Portanto, o mercado da fagoterapia foi minguando, e a maior parte dos cientistas não via muitos motivos para aprofundar esse estudo.

No entanto, o sonho de d'Herelle não desapareceu. Em viagem à União Soviética na década de 1920, época em que ainda era um ícone da medicina, conheceu cientistas que queriam criar um instituto para pesquisas baseadas em fagoterapia. Em 1923, d'Herelle ajudou alguns a constituírem o Eliava Institute of Bacteriophage, Microbiology and Virology† em Tbilisi, hoje capital do República da Geórgia. No auge, o instituto empregou 1200 pessoas e produziu toneladas de fagos por ano. Na Segunda Guerra Mundial, a União Soviética enviou fagos em pó e comprimidos para as linhas de frente, onde eram ministrados aos soldados infectados. A equipe do Eliava chegou até mesmo a realizar um grande ensaio clínico em 1963 para demonstrar que a fagoterapia tinha bons resultados. Perto de Tbilisi, deram às crianças de um lado da rua um comprimido com fagos, e às do outro lado um de açúcar. Ao todo, 30.769 crianças participaram do estudo, acompanhadas durante 109 dias. Daquelas que

* No Brasil, o filme chamou-se *Médico e amante*. (N.T.)

† Instituto Eliava de Bacteriófagos, Microbiologia e Virologia. (N.T.)

receberam açúcar, 6,7 em cada 1.000 contraíram disenteria. Nas que tomaram o comprimido de fago, esse número ficou em 1,8 em 1.000, ou seja, os fagos reduziram em 3,8 vezes as chances de uma criança contrair a doença.

Se tal estudo tivesse ocorrido no Ocidente, talvez levasse alguns cientistas a prestarem mais atenção à fagoterapia. Mas, em razão do muro sigiloso que o governo soviético ergueu em torno da ciência do país, poucas pessoas fora da Geórgia conheceram tal estudo. Só em 1989, depois da queda da União Soviética, os ocidentais tomaram conhecimento do notável trabalho em Tbilisi. A essa altura, especialistas em doenças infecciosas se dispunham a considerar seriamente alternativas aos antibióticos. As drogas milagrosas começavam a falhar, à medida que a resistência a elas se tornava mais frequente, pois não mais impediam as infecções. Os médicos precisavam recorrer a produtos auxiliares mais caros e às vezes com efeitos colaterais perigosos.

Na década de 1990, vários pesquisadores começaram a considerar com mais seriedade a fagoterapia, ainda que diante de alguns grandes desafios. Por exemplo, fagos apresentam uma imensa diversidade de espécies e linhagens, cada qual adaptada a um determinado hospedeiro bacteriano. Assim, mesmo se um fago for eficaz contra uma cepa de um patógeno, poderá falhar contra outra.

Céticos também receavam que os fagos, como os antibióticos, sucumbissem com infectantes resistentes. Na década de 1940, os microbiologistas Salvador Luria e Max Delbruck observaram bactérias desenvolvendo resistência a fagos. Quando os adicionaram a uma placa com *E. coli*, a maioria das bactérias morreu, mas algumas sobreviveram e depois se multiplicaram em novas colônias. Um estudo mais aprofundado revelou que as sobreviventes sofreram mutações que lhes permitiram resistir aos fagos. As bactérias resistentes transmitiram essa mutação genética a seus descendentes. Cientistas defenderam que a fagoterapia transformaria nosso corpo em placas de Petri, com bactérias desenvolvendo resistência a fagos.

Agora, no século 21, pesquisadores de fagoterapia já superaram algumas dessas preocupações. É verdade a seletividade dos fagos em relação a seus hospedeiros, o que, no entanto, não invalida a fagoterapia como tratamento de uma ampla gama de infecções. Por exemplo, cientistas do Instituto Eliava desenvolveram uma pomada para ferimentos na qual existe meia dúzia de diferentes fagos, capazes de matar os seis tipos mais comuns de bactérias que infectam lesões cutâneas. Pesquisadores também estão criando coleções de fagos contra os quais cada bactéria de um paciente pode ser testada para encontrar uma que seja efetiva contra ela.

Conforme os cientistas encontram novos fagos, descobrem espécies que podem ser efetivas contra bactérias. Ben Chan, cientista pesquisador da Universidade Yale, e colaboradores descobriram um fago que se infiltra nas bactérias por meio da chamada bomba de efluxo. Essa bomba funciona exatamente como o processo das bactérias ao empurrarem os antibióticos para fora de seu interior antes de causarem qualquer dano. As bactérias são capazes de desenvolver maior resistência aos antibióticos, produzindo mais dessas bombas.

Chan e colaboradores testaram o novo fago em uma placa de bactérias. Expondo-as ao fago, os micróbios desenvolveriam menos bombas, dificultando a infecção. Porém, com menos bombas, ficaram mais vulneráveis aos antibióticos. Esse estudo sugere que fagos e antibióticos em conjunto podem atuar como uma armadilha para bactérias em um conflito evolutivo. Pouco depois, Chan e equipe recorreram a essa combinação em um homem com uma infecção cardíaca crônica causada por bactérias resistentes. A bactéria se tornou vulnerável aos antibióticos, e ele se recuperou.

É óbvio que um ensaio em um único paciente não prova que a fagoterapia é mais segura e eficaz do que era na época de d'Herelle. Mas Chan e outros pesquisadores estão trabalhando com um número maior de pessoas para ver se a fagoterapia as ajuda, além de haver outros pesquisadores que têm iniciado ensaios clínicos. Autoridades governamentais tentam agora facilitar essa pesquisa, por meio de regulamentos mais apropriados para vírus do que para drogas. Mais de um século após d'Herelle descobrir os bacteriófagos, esses vírus enfim talvez estejam prontos para fazer parte da medicina moderna.

O OCEANO INFECTADO

O DOMÍNIO OCEÂNICO DOS FAGOS MARINHOS

Algumas grandes descobertas parecem a princípio erros terríveis.

Em 1986, Lita Proctor, então estudante de pós-graduação da Universidade Estadual de Nova York em Stony Brook, decidiu verificar quantos vírus existem nas águas marinhas. Na época, havia um consenso de que praticamente inexistiam. Os poucos pesquisadores preocupados com a questão haviam encontrado um escasso suprimento, e a maioria deles acreditava que parte significativa dos

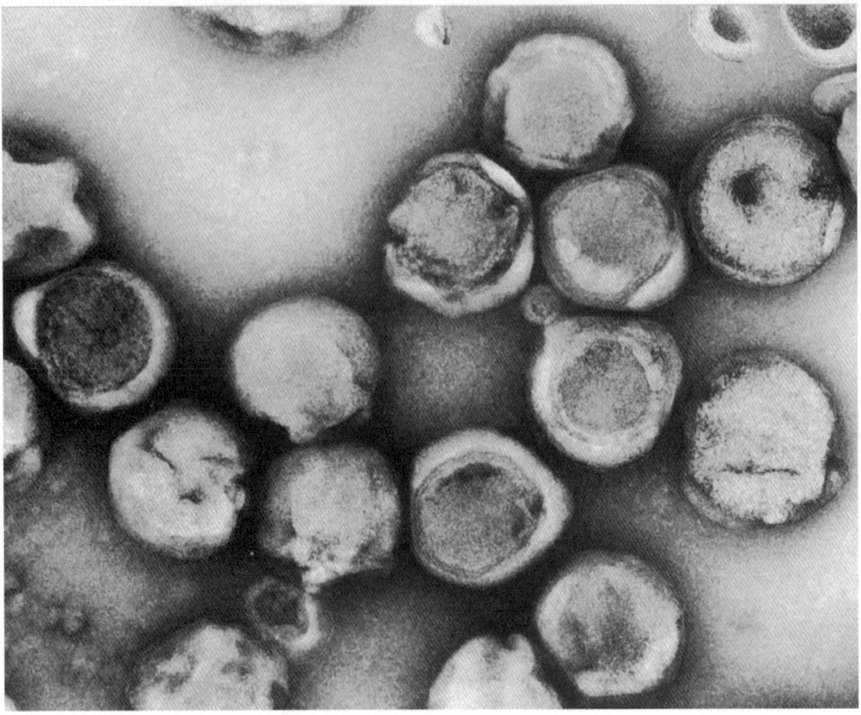

Os vírus *Emiliania huxleyi* infectam algas oceânicas (na imagem, em suspensão)

vírus encontrados na água do mar vinha de esgotos e de outras fontes terrestres.

Porém, com o decorrer do tempo, surgiram algumas evidências que não correspondiam muito bem ao consenso; por exemplo, John Sieburth, biólogo marinho, publicou uma fotografia de uma bactéria marinha irrompendo com novos vírus. Então, Proctor decidiu iniciar uma busca sistematizada visando verificar quantos vírus havia no oceano. Para isso, viajou até o Caribe e o mar dos Sargaços recolhendo água do mar pelo caminho. Ao retornar para Long Island, ela extraiu cuidadosamente o material biológico da água marinha, o qual revestiu com metal para que ficasse visível sob o feixe de um microscópio eletrônico. Quando olhou para as amostras, Proctor vislumbrou um mundo de vírus, alguns flutuando livremente, outros se escondendo no interior das bactérias. Baseando-se no número de vírus das amostras, Proctor estimou que em cada litro de água do mar havia até 100 bilhões de vírus.

Esse número excedeu em muito as estimativas anteriores. E quando outros cientistas, seguindo a linha de trabalho de Proctor, realizaram as próprias pesquisas, acabaram encontrando uma quantidade semelhante. Existiam vírus escondidos em fendas profundas do oceano e trancafiados no gelo marinho do Ártico. Portanto, concordaram com Proctor: vivem no oceano cerca de 10.000.000.000.000.000.000.000.000.000.000 de vírus.

É complicado encontrar um elemento comparativo que dê sentido a tal número. Há 100 bilhões de vezes mais vírus nos oceanos do que grãos de areia em todas as praias do mundo. Se os unirmos em uma escala, eles equivaleriam ao peso de 75 milhões de baleias azuis (vivem menos de 10 mil baleias azuis em todo o planeta). E se alinhássemos todos os vírus no oceano de ponta a ponta, eles se estenderiam por 42 milhões de anos-luz.

Esses números, no entanto, não significam que nadar no oceano seja uma sentença de morte, considerando-se que apenas uma pequena fração desses vírus infecta humanos. Embora alguns deles contaminem peixes e outros animais marinhos, seus alvos mais comuns são bactérias e outros micróbios unicelulares. Os micróbios, ainda que invisíveis a olho nu, coletivamente superam todas as baleias do oceano, os recifes de coral e todas as outras formas de vida marinha. E, assim como fagos atacam as bactérias de nosso corpo, fagos marinhos atacam os micróbios marinhos.

Felix d'Herelle descobriu o primeiro bacteriófago em soldados franceses em 1917, mas muitos cientistas não acreditaram nele.

Decorrido um século, está evidente que d'Herelle havia encontrado a forma de vida mais abundante na Terra. Além do mais, os fagos marinhos influenciam o planeta, a ecologia dos oceanos do mundo e deixam sua marca inclusive no clima da Terra. Enfim, desempenharam durante bilhões de anos um papel crucial na evolução da vida. Em outras palavras, constituem a matriz viva da biologia.

O poder dos fagos marinhos está no fato de serem muito infecciosos. Eles invadem um novo micróbio hospedeiro 100 bilhões de trilhões de vezes por segundo e matam entre 15 e 40% de todas as bactérias nos oceanos diariamente. Dos hospedeiros moribundos, surgem novos fagos marinhos; cada litro de água do mar gera até 100 bilhões de novos vírus todos os dias.

Essa eficiência fatal dos fagos mantém seus hospedeiros sob controle, e nós, humanos, com bastante frequência, nos beneficiamos de tal letalidade. Por exemplo, a cólera é causada pela proliferação de bactérias *Vibrio*, transmitidas pela água. Mas as *Vibrio* são hospedeiras de vários fagos. Quando a população delas explode e desencadeia uma epidemia, os fagos se multiplicam. Entretanto, a população de vírus aumenta com tanta velocidade que mata as *Vibrio* mais rápido do que os micróbios conseguem se reproduzir. O boom bacteriano diminui e a epidemia de cólera enfraquece.

Não são apenas novos vírus que se liberam de um micróbio morto, mas também carbono orgânico e outras moléculas. Todo ano, os vírus oceânicos liberam bilhões de toneladas de carbono, o que afeta o planeta. Atuando como um fertilizante, esses vírus estimulam o crescimento de um imenso número de novos micróbios, alguns dos quais sustentam a cadeia alimentar do oceano; essa verdadeira "teia alimentar" talvez fosse bem menor se os vírus não estimulassem esse crescimento. Parte do carbono liberado afunda no oceano, uma vez que não é absorvido por micróbios. As moléculas dentro de um micróbio são pegajosas, e então, quando um vírus destrói um hospedeiro, as moléculas que se espalham pegam outras moléculas de carbono, criando uma gigantesca nevasca de neve subaquática que despenca no fundo do mar.

Os hospedeiros dos vírus do oceano reagiram a essa ameaça por meio da evolução de todos os tipos de defesas. Mas os vírus desenvolveram maneiras de substituí-las. Considerando-se que cada espécie segue uma rota de fuga evolutiva particular, essa disputa ajudou a produzir uma espantosa diversidade de vírus marinhos. Lita Proctor nem sequer imaginava quantos tipos diferentes de vírus ela estava descobrindo no início de sua pesquisa. Conseguia contá-los observando-os pelo microscópio, mas via apenas um número limitado de formas – esferas, cilindros e outras. Entretanto, no mundo dos vírus, as aparências enganam. Por exemplo, os rinovírus causam resfriados leves, e os poliovírus podem paralisar ou matar, embora pareçam esferas quase idênticas.

No início do século 21, os virologistas conseguiram ultrapassar as aparências, olhando diretamente para os genes do vírus. Coletaram uma amostra – da água do mar, da poeira ou do interior de uma abelha – e filtraram tudo, exceto os vírus. Em seguida, extraíram o material genético dos vírus, cujas sequências leram. Em alguns casos, tais sequências corresponderam a algumas espécies ou cepas de vírus conhecidas. Em outros, muitas vezes isso não acontecia. Para onde quer que olhassem, os pesquisadores encontravam uma incrível diversidade de vírus. E as surpresas apareceriam até em nosso próprio corpo. Em 2014, uma equipe de cientistas liderada por Bas Dutilh descobriu um novo fago em fezes humanas, o qual nomearam de *crAssphage* (abreviação de "montagem cruzada" [*cross assembly*], um programa para juntar sequências de genes de vírus). Pesquisadores logo descobriram muitos outros tipos de vírus semelhantes ao *crAssphage*, que constituem até 90% de todos os vírus no nosso corpo, despercebidos durante um século depois de Felix d'Herelle descobrir os fagos.

O real escopo da virosfera se tornou claro nos oceanos. Durante uma expedição científica ao redor do mundo, Matthew Chapman, virologista da Universidade Estadual de Ohio, e colaboradores analisaram o material genético coletado na água do mar. Em 2016, relataram a existência de mais de 15 mil novas espécies de vírus. Para termos comparativos, há apenas 6.400 espécies de mamíferos. Embora a equipe de Chapman tivesse pensado que já havia descoberto a diversidade de vírus no mar, para ter certeza, continuou coletando mais água e criando novas maneiras de pesquisar genes virais, até que em 2019 relataram o resultado de um total de 200 mil espécies. No entanto, deixaram a maioria do oceano intocada. Alguns pesquisadores estimam que na Terra haja 100 trilhões de espécies de vírus, a maioria encontrada no mar.

Tal diversidade se explica em razão da maneira peculiar de os vírus se multiplicarem. Quando as células são infectadas, elas criam muitos novos vírus, mas de modo negligente. Assim, nos genes dos novos vírus se espalham erros de cópia. Ainda que a maioria dessas mutações desative os vírus, algumas delas lhes fornecem uma vantagem evolutiva, permitindo que infectem com mais eficácia os hospedeiros. Se dois tipos de vírus infectam uma célula ao mesmo tempo, eles conseguem recombinar seus genes. Assim, é possível que terminem com alguns dos próprios genes de seu hospedeiro, que então entregam a novos hospedeiros. Segundo estimativas, os vírus oceânicos transferem a cada ano 1 trilhão de trilhões de genes entre os genomas de seus hospedeiros.

Graças ao empréstimo de genes, os vírus podem ser responsáveis por grande parte do oxigênio da atmosfera mundial, muito dele produzido por micróbios fotossintéticos nos oceanos. Alguns dos vírus que os infectam carregam genes próprios para a fotossíntese. Quando eles invadem, os vírus se encarregam de coletar a luz. Calcula-se que os genes de vírus sejam responsáveis por 10% de toda a fotossíntese na Terra. Ao respirarmos dez vezes, uma dessas respirações chega até nós como cortesia de um vírus.

Esse vaivém de genes afetou profundamente não apenas a Terra hoje, mas também no curso da história da vida, que no fim das contas começou nos oceanos. Os mais antigos vestígios de vida são microfósseis marinhos de quase 3,5 bilhões de anos atrás. Os organismos multicelulares, cujos fósseis mais antigos datam de cerca de 2 bilhões de anos atrás, evoluíram nos oceanos. Lembremos que nossos ancestrais não rastejaram para a terra até há aproximadamente 400 milhões de anos. Apesar de os vírus não deixarem fósseis nas rochas, deixam sinais nos genomas de seus hospedeiros, os quais sugerem que existem há bilhões de anos.

Cientistas conseguem determinar a história dos genes por meio da comparação dos genomas de espécies que se separaram de um ancestral comum cuja vida ocorreu há muito tempo. Desse modo, tais comparações são capazes de revelar genes entregues ao hospedeiro atual por um vírus que viveu em um passado longínquo. Todas as coisas vivas têm mosaicos de genomas, com centenas ou milhares de genes importados por vírus. Até o nível mais profundo aonde os cientistas chegaram na árvore da vida, os vírus estão transportando genes. Darwin usou o conceito de árvore da vida. Mas a história dos genes, pelo menos dos micróbios marinhos e seus vírus, é mais como uma rede de comércio fervilhante que remonta a bilhões de anos.

NOSSOS PARASITAS INTERNOS

RETROVÍRUS ENDÓGENOS E NOSSOS GENOMAS VIRAIS

É uma ideia quase filosófica em sua bizarrice a de que os genes de um hospedeiro podem ter vindo de vírus. Gostamos de pensar em nossos genomas como nossa identidade definitiva, e o fato de as bactérias terem adquirido grande parte do próprio DNA de vírus gera questões desconcertantes. Eles têm uma identidade própria distinta? Ou são apenas criaturas de Frankenstein híbridas, com linhas claras de identidade desfocadas?

No início, foi possível criar um cordão de isolamento desse quebra-cabeça de nossa existência, tratando-o tão somente como uma questão sobre micróbios. A presença de genes virais constituiu apenas um acaso de formas de vida "inferiores". Mas hoje esse conforto se esvaiu. Se olharmos o interior de nosso genoma, veremos vírus. Milhares.

Passaram-se muitas décadas até os cientistas identificarem nossos vírus internos, e no começo dessa jornada estava a galinha Plymouth Rock doente de Francis Rous, que o estimulou a cinquenta anos de investigação sobre os vírus causadores de câncer. Rous e outros pesquisadores descobriram muitos diferentes vírus capazes de produzir tumores, e, estudando coelhos, o cientista fez pesquisas pioneiras de papilomavírus. No entanto, a galinha estava infectada com outra espécie, conhecida pelo nome do pesquisador: o vírus do sarcoma de Rous (VSR).

Gerações posteriores de cientistas estudaram o vírus do sarcoma de Rous, objetivando desvendar alguns dos segredos do câncer. E descobriram que a replicação do vírus ocorre de um modo extraordinário: codifica seus genes em RNA de fita simples. Quando infecta a célula de uma galinha, faz uma cópia de seus genes no DNA viral de fita dupla, o qual se insere no genoma do hospedeiro. Com a divisão da célula hospedeira, copia o DNA do vírus junto com o dele próprio. Sob certas condições, a célula é forçada a produzir novos vírus – completos, com genes e escudo de proteína –, que podem escapar para infectar uma nova célula. Nas galinhas, tumores se desenvolvem se os genes do vírus do sarcoma de Rous acidentalmente se inserirem no local errado do genoma. Os genes do vírus ativam os genes hospedeiros próximos, que deveriam ter ficado desativados, e ocorre um crescimento celular descontrolado.

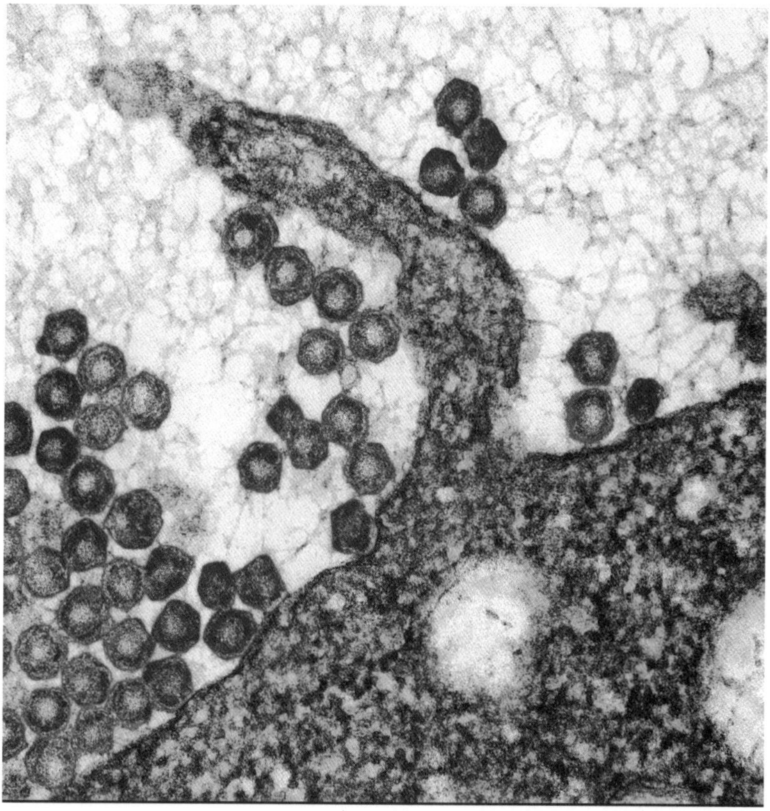

Vírus leucocitários aviários brotam de um glóbulo branco humano

Na década de 1960, pesquisadores verificaram que o vírus do sarcoma de Rous não era único. Muitos outros, conhecidos de forma conjunta como retrovírus, inserem seus genes nos genomas do hospedeiro pelo mesmo processo.

Robin Weiss, na época virologista da Universidade de Washington, descobriu uma curiosidade específica do retrovírus. Weiss se intrigou com os resultados dos testes em galinhas para detectar a presença do conhecido como vírus da leucose aviária, um parente próximo do vírus do sarcoma de Rous. Os testes envolveram a triagem de proteínas do vírus no sangue de aves. Às vezes, as proteínas virais apareciam em aves saudáveis e nunca evoluíam para câncer. Ainda mais estranho, os pintinhos de galinhas saudáveis também nasciam com proteínas virais.

Considerando como os retrovírus inserem seus genes nos próprios genomas hospedeiros, Weiss se perguntou se eles seriam passados de geração a geração de galinhas. Na tentativa de obrigar o vírus a sair do esconderijo, Weiss e colaboradores cultivaram células de galinhas saudáveis que produziam a proteína viral. Então, banharam-nas com substâncias químicas que modificam a mutação e as bombardearam com radiação, o tipo de procedimento que desperta os genes de retrovírus, fazendo-os criar novos vírus.

Exatamente como haviam suspeitado, as células mutantes começaram a produzir novos vírus da leucose aviária. Em outras palavras, o vírus da leucose aviária não infectou apenas algumas das células das galinhas; as instruções genéticas para a produção do vírus foram implantadas em todas as células, e as aves retransmitiram essas instruções aos seus descendentes.

Logo Weiss e colaboradores descobriram que esses vírus da leucose aviária não se limitavam a apenas uma raça excêntrica de galinhas, pois apareciam em muitas raças, levantando a possibilidade de que fossem um componente bem antigo do DNA das aves. Para verificar há quanto tempo os vírus da leucose aviária infectavam os ancestrais das galinhas de hoje, Weiss e colaboradores viajaram para as selvas da Malásia, onde capturaram aves vermelhas da selva (*Gallus*), os parentes selvagens mais próximos das galinhas. Weiss descobriu não só que a ave selvagem vermelha carregava o mesmo vírus da leucose aviária, mas também, em expedições posteriores, que em outras espécies de aves selvagens não havia o vírus.

Dessa pesquisa sobre o vírus da leucose aviária, surgiu uma hipótese de como ele havia se combinado com as galinhas. Milhares de anos atrás, o vírus atacara o ancestral comum das galinhas domesticadas e das aves selvagens vermelhas, ou seja, invadira células, fizera novas cópias de si mesmo e infectara novas aves, gerando tumores. No entanto, em no mínimo uma ave aconteceu alguma coisa a mais: o vírus, controlado pelo sistema imunológico, não causou câncer. Conforme se disseminava inofensivo pelo corpo da ave, infectou os órgãos sexuais dela. Os óvulos ou os espermatozoides infectados poderiam dar origem a embriões também infectados.

À medida que um embrião infectado crescia e se dividia, todas as suas células herdavam o DNA do vírus. Quando o pintinho saía da casca, era parte frango e parte vírus. E com o vírus da leucose aviária incorporado ao seu genoma, a ave transmitiu o DNA do vírus para os descendentes. Por milhares de anos, o vírus permaneceu um viajante silencioso de geração em geração. Mas, sob certas condições, conseguiu reativar, gerar tumores e se disseminar para outras aves.

Os cientistas descobriram que os vírus da leucose aviária estavam em uma classe própria, que denominaram retrovírus endógeno (gerado no interior do organismo). E logo encontraram retrovírus endógenos em outros animais. Na verdade, os vírus se escondem nos genomas de quase todos os principais grupos de vertebrados, de peixes a répteis e mamíferos. Alguns dos retrovírus endógenos recém-descobertos acabaram causando câncer, como o vírus da leucose aviária, mas muitos outros não, em razão de mutações que os privaram da capacidade de criar novos vírus que escapariam de sua célula hospedeira. No entanto, esses vírus defeituosos ainda conseguiam fazer novas cópias de seus genes, reinseridas no genoma de seu hospedeiro. E os cientistas descobriram também outros retrovírus endógenos tão repletos de mutações que nada faziam a não ser servir de bagagem no genoma de seu hospedeiro.

Pesquisadores começaram a encontrar retrovírus endógenos também no genoma humano, nenhum deles ativo. Mas Thierry Heidmann, pesquisador do Instituto Gustave Roussy em Villejuif, na França, e colaboradores descobriram como transformar essa bagagem genética de volta em vírus desenvolvidos. Heidmann, ao pesquisar retrovírus endógenos, percebeu que pessoas diferentes tinham versões um pouco diferentes, surgidas provavelmente depois que um retrovírus foi incorporado aos genomas de humanos antigos. Em seus descendentes, as mutações atingiram diferentes partes do DNA do vírus.

Heidmann e colaboradores compararam as variantes da sequência semelhante a um vírus. Em termos comparativos, era como se encontrassem quatro cópias de uma peça de Shakespeare transcritas por quatro escreventes desatentos. Cada um deles poderia cometer um conjunto próprio de erros, e algumas vezes uma das palavras de Shakespeare terminaria em quatro versões com erros ortográficos. Então, comparando as versões, um historiador descobriria que a palavra original era, por exemplo, *portanto*.

Recorrendo a esse método, Heidmann e colaboradores conseguiram usar os retrovírus mutantes em humanos vivos com o objetivo de definir a sequência do original. Então, sintetizaram um pedaço de DNA com essa sequência e o inseriram em células humanas cultivadas em um prato de cultura celular, de onde nasceram novos vírus capazes de infectar outras células. Em outras palavras, a sequência original do DNA fora um vírus vivo e funcional. Em 2006, Heidmann denominou o vírus de Fênix, em homenagem ao pássaro mítico que ressuscitou das próprias cinzas.

É bem possível que o vírus Fênix tenha infectado nossos ancestrais nos últimos milhões de anos. Mas também sabemos que portamos vírus bem mais antigos, que os cientistas encontraram escondidos tanto em nosso genoma quanto em outras espécies.

Em uma pesquisa, Adam Lee, virologista do Imperial College London, e colaboradores descobriram um retrovírus endógeno chamado ERV-L no genoma humano e também em muitas outras espécies, desde cavalos a *aardvarks* (porcos-da-terra). Quando Lee e sua equipe elaboraram uma árvore evolutiva do vírus, ela espelhou a árvore dos hospedeiros do vírus. Consequentemente, parece que esse retrovírus endógeno infectou o ancestral comum de todos os mamíferos placentários, o qual viveu há mais de 100 milhões de anos. Hoje, esse vírus se mantém em tatus, elefantes e manatins (peixes-boi). E em nós.

Mesmo quando um retrovírus endógeno se integra a seu hospedeiro, ele ainda consegue fazer novas cópias de seu DNA, as quais se inserem de volta no genoma do hospedeiro. Durante os milhões de anos em que os retrovírus endógenos têm invadido nossos genomas, eles se acumularam em uma dimensão espantosa. No genoma de cada um de nós há quase 100 mil fragmentos de DNA de retrovírus endógeno, totalizando por volta de 8% de nosso DNA. Para colocarmos esse número em perspectiva, consideremos que os 20 mil genes codificadores de proteínas no genoma humano constituem apenas 1,2% do nosso DNA.

Cientistas também encontraram milhões de fragmentos menores de DNA igualmente copiados e inseridos de volta no genoma humano. É possível que muitos desses elementos sejam relíquias ínfimas de retrovírus endógenos. No decorrer de milhões de anos, a evolução os reduziu ao mero essencial necessário para copiar o DNA. Em outras palavras, nossos genomas estão inundados de vírus.

A maior parte desse DNA viral perdeu sua capacidade de fazer qualquer coisa devido a milhões de anos de mutações. No entanto, alguns genes virais de nossos antepassados acabaram beneficiando-os. Na verdade, sem esses vírus nenhum de nós hoje teria nascido.

Em 1999, Jean-Luc Blond e colaboradores descobriram um retrovírus endógeno humano que chamaram de HERV-W, e surpreenderam-se ao verificar que um dos genes ainda conseguia produzir uma proteína. Denominada sincitina, ela revelou uma função muito precisa e relevante não para o vírus, mas para seu hospedeiro humano: só é encontrada na placenta.

As células da camada externa da placenta produzem sincitina para se unirem, de modo que as moléculas consigam fluir entre elas. Cientistas descobriram que também os ratos produzem sincitina, e conseguiram realizar experimentos para entender o funcionamento dessa proteína. Quando excluíam o gene da sincitina, os embriões de camundongos não sobreviviam ao nascimento, ou seja, a proteína era essencial para extrair nutrientes da corrente sanguínea da mãe.

Então, cientistas encontraram sincitina em outros mamíferos placentários, e concluíram que ela existia em diferentes espécies, de variadas formas. Thierry Heidmann, que descobriu muitas dessas proteínas, propôs uma hipótese para dar sentido a todos esses vírus na placenta. Há mais de 100 milhões de anos, um ancestral mamífero foi infectado por um retrovírus endógeno, que aproveitou a primeira proteína sincitina e desenvolveu a primeira placenta. No decorrer de milhões de anos, esse mamífero placentário original originou muitas linhagens de descendentes, que continuaram infectados com retrovírus endógenos. Em alguns casos, nos novos vírus havia genes de sincitina próprios, que produziam melhores proteínas para a placenta. Diferentes linhagens de mamíferos – roedores, morcegos, vacas, primatas – trocaram uma proteína viral por outra.

Em nosso momento mais íntimo, conforme uma nova vida humana emerge de outra mais velha, os vírus são essenciais para a nossa sobrevivência. Não há nós e eles – apenas uma combinação gradual e mutante de DNA.

O FUTURO VIRAL

O JOVEM FLAGELO

VÍRUS DA IMUNODEFICIÊNCIA HUMANA E AS ORIGENS ANIMAIS DAS DOENÇAS

Todas as semanas, os Centros de Controle e Prevenção de Doenças publicam um pequeno boletim informativo chamado "Morbidity and Mortality Weekly Report".* O assunto publicado em 4 de julho de 1981 foi uma variedade emblemática do rotineiro e do misterioso. Em meio aos mistérios daquela semana, havia um relatório de Los Angeles no qual os médicos perceberam uma estranha coincidência: entre outubro de 1980 e maio de 1981, cinco homens foram

* Relatório semanal de morbidade e mortalidade. (N.T.)

internados em hospitais com uma mesma doença rara, conhecida como pneumonia por pneumocystis.

A causa é um fungo denominado *Pneumocystis jirovecii*, com abundantes esporos. A maioria das pessoas os inala em algum momento da infância, mas seu sistema imunológico em geral os mata e produz anticorpos que eliminam qualquer infecção futura. Por outro lado, em pessoas com sistemas imunológicos enfraquecidos, o *P. jirovecii* se desenvolve de forma descontrolada. Os pulmões, repletos de líquido, ficam gravemente comprometidos. As vítimas lutam para inalar oxigênio e permanecerem vivas.

Os cinco pacientes de Los Angeles não se enquadravam no perfil típico de uma vítima de pneumonia por pneumocystis. Eram todos jovens com saúde perfeita antes de adoecerem. Comentando o relatório, os editores especularam que os intrigantes sintomas dos cinco homens "sugerem a possibilidade de uma disfunção imunocelular".

Mal sabiam eles que haviam publicado as primeiras observações do que se tornaria uma das mais mortíferas epidemias virais da história. O sistema imunológico dos cinco pacientes de Los Angeles foi exterminado por um vírus que depois se chamou vírus da imunodeficiência humana (HIV). Pesquisadores descobriam que o HIV vinha infectando secretamente pessoas havia mais de 50 anos, até explodir em uma catástrofe mundial. Em 2019, cerca de 75,7 milhões de pessoas estavam infectadas, e 32,7 milhões mortas.

O número de mortes por HIV é ainda mais assustador porque, em razão de como o vírus se propaga, é difícil contraí-lo, afinal, nem flutua no ar nem adere a superfícies. Apenas certos fluidos corporais, como sangue e sêmen, o transmitem e, portanto, as maneiras mais comuns de infecção incluem sexo desprotegido, parto e compartilhamento de agulhas contaminadas.

Uma vez que o HIV entra no corpo, ataca impetuosamente o sistema imunológico da pessoa. Adere a certos tipos de células imunes conhecidas como células T CD4 e fundem suas membranas, como uma pequena bolha de sabão fundindo-se a uma maior. O HIV é um retrovírus, o que significa que insere seu material genético no DNA da célula. A partir daí, ele a manipula para produzir novos vírus que podem escapar para infectar outras células T CD4. No início, a quantidade de vírus chega a bilhões, no entanto, quando o sistema imunológico reconhece as células T CD4 infectadas, começa a matá-las, reduzindo a população virótica. Os sintomas dessa batalha para o infectado se assemelham aos de uma gripe leve. O sistema imunológico dizima a maior parte do HIV, mas, como uma pequena fração do vírus sobrevive, as células T CD4 em que o sobrevivente se esconde continuam a crescer e se dividir. De vez em quando, uma célula T CD4 infectada cria uma nova população de HIV, que se dissemina para infectar novas células. O sistema imunológico ataca essas novas ondas de vírus sempre que surgem.

No entanto, o ciclo de ataque e combate exaure o sistema imunológico, em um período que pode demorar um ano até que colapse ou mais de uma década. Com o sistema imunológico deprimido, as pessoas não mais conseguem se defender de doenças que nunca as afetariam com um sistema imunológico saudável, por exemplo, a pneumonia por pneumocystis. Essa condição se tornou conhecida como síndrome da imunodeficiência adquirida ou Aids (*acquired immunodeficiency syndrome*).

Em 1983, dois anos depois de aparecerem os primeiros pacientes com Aids, cientistas franceses pela primeira vez isolaram o HIV de um contaminado, e outras pesquisas o confirmaram como causador da doença. Enquanto isso, a Aids provava não se limitar a alguns homens em Los Angeles, com novos casos surgindo nos Estados Unidos

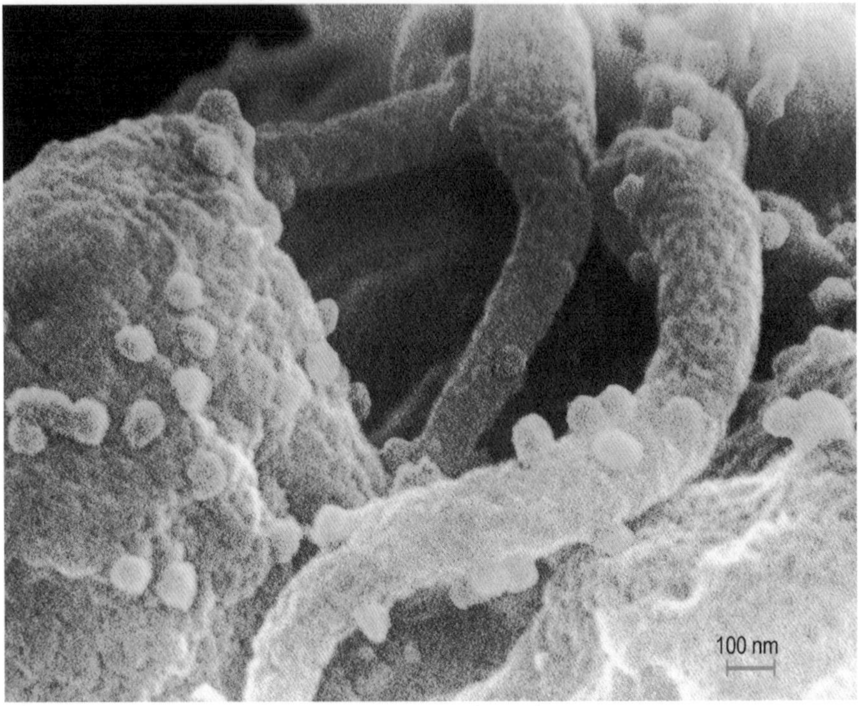

Vírus da Imunodeficiência Humana (HIV) na superfície de um glóbulo branco CD4

e em outros países. Grandes flagelos, como a malária e a tuberculose, são nossos antigos inimigos, matando pessoas por milhares de anos. No entanto, passados apenas alguns anos, o HIV passou da obscuridade a um flagelo global. Um mistério epidemiológico que os cientistas levariam três décadas para resolver.

As primeiras pistas vieram de macacos doentes.

Em centros de pesquisa de primatas nos Estados Unidos, patologistas, observando vários animais com sintomas semelhantes aos da Aids, começaram a se questionar se os macacos estavam infectados com um vírus semelhante ao HIV. Em 1985, cientistas da New

England Regional Primate Research Centers* testaram essa hipótese misturando anticorpos contra o HIV no soro de macacos doentes. Se houvesse no sangue um vírus similar ao HIV, os anticorpos iriam aderir a eles. O resultado confirmou a ideia: fisgaram retrovírus do soro do macaco, os quais ficaram conhecidos como vírus da imunodeficiência símia (*simian immunodeficiency virus* – SIV). Alguns desses SIVs tinham remota relação com o HIV, enquanto outros eram parentes mais próximos.

É óbvio que os cientistas foram cuidadosos em chegar a conclusões a partir de vírus de macacos em cativeiro, afinal, os SIVs poderiam ser raros ou inexistentes fora dos zoológicos e dos laboratórios. Porém, a busca por SIVs em primatas selvagens infectados não seria simples, pois os animais não se submeteriam com facilidade a uma coleta de sangue. Portanto, diante de tal obstáculo, primatologistas e virologistas descobriram como isolar genes de vírus a partir da urina e das fezes dos macacos depositadas em folhas ou no chão da floresta.

Essas expedições revelaram que mais da metade de todas as espécies de macacos e bugios na África carrega cepas próprias de SIV. Ao comparar os genes deles, biólogos evolucionistas construíram sua árvore genealógica, concluindo, então, que todos os SIVs descendem de um retrovírus ancestral que infectou um macaco africano há milhões de anos. No início, disseminou-se nessa espécie original de macaco por meio do sexo; depois, alastrou-se para outras espécies – talvez através do sangue dos ferimentos nas brigas por território. Quando diferentes cepas de SIV acabaram na mesma célula, conseguiram misturar seus genes e produzir novas cepas.

Conforme os cientistas isolavam cepas de HIV em pacientes em todo o mundo, adicionavam-nas a essa árvore genealógica do vírus.

---

* Centros regionais de pesquisa de primatas da Inglaterra. (N.T.)

O resultado confirmou as suspeitas dos pesquisadores na década de 1980: o HIV evoluiu do SIV. Mas o HIV não teve uma origem única; surgiu em pelo menos treze épocas diferentes.

O primeiro indício dessa múltipla origem ocorreu em 1989, quando cientistas isolaram de um macaco mangabey fuliginoso um vírus bastante parecido com o HIV. Denominado SIVsm, ele se relacionava mais intimamente a algumas cepas de HIV do que a outras. Na época, os cientistas haviam identificado dois tipos principais de HIV: HIV-1 e HIV-2. O HIV-1 é comum em qualquer parte do mundo, enquanto o HIV-2 se limita majoritariamente à África Ocidental, onde causa um tipo bem menos agressivo de Aids. Os pesquisadores que encontraram o SIVsm descobriram que ele se aproximava mais do HIV-2. Nos anos posteriores, encontraram mais cepas de SIVsm, algumas mais intimamente relacionadas a certas cepas de HIV-2 do que outras. A melhor explicação para esse padrão evolutivo está na possibilidade de o SIVsm ter se transmitido dos macacos mangabeys fuliginosos para os humanos pelo menos nove vezes. Ninguém testemunhou essas nove ocorrências, mas estamos quase certos de como aconteceram. Na África Ocidental, muitas pessoas mantêm mangabeys fuliginosos como animais de estimação. Além disso, caçadores matam os animais e vendem sua carne. Desse modo, o vírus conseguiu passar dos mangabeys fuliginosos para as pessoas que tiveram contato com o sangue deles, por exemplo, quando um macaco mordia um caçador, ou quando um açougueiro preparava a carne. SIVsm então infectou células humanas, replicou-se e adaptou-se aos novos hospedeiros.

Nenhuma dessas ocorrências, entretanto, teve muito sucesso. O HIV-2 se replica lentamente e faz um péssimo trabalho na transmissão de pessoa para pessoa. Juntas, as nove cepas do HIV-2 infectam apenas por volta de 1 ou 2 milhões de africanos ocidentais. Pesquisadores que estudaram como o HIV-2 infecta células humanas encontraram algumas possibilidades que justificariam ele ter se saído tão mal. Por exemplo, quando os novos vírus HIV-2 estão prontos para escapar de uma célula, esta produz uma espécie de laço de proteína denominado tetherina, que os prende e os impede de sair.

O HIV-1 se provou mais bem-sucedido como vírus humano, mas se levou um longo tempo para decifrar suas origens. Em 1999, em estudos com chimpanzés, pesquisadores descobriram um novo SIV, denominado SIVcpz,* muito mais próximo de todas as cepas do HIV-1 do que das do HIV-2. À medida que descobriam mais cepas de SIVcpz, percebiam que sua evolução vinha de uma mistura de três cepas diferentes de SIV, cada uma em um macaco diferente. É possível que os chimpanzés tenham se contaminado ao caçarem macacos como suas presas. Por milhões de anos, o SIVcpz circulou de chimpanzé para chimpanzé, chegando a evoluir para diferentes linhagens por toda a África Central.

Segundo cientistas, o SIVcpz evoluiu para o HIV-1 em quatro ocasiões distintas. Em duas delas, o vírus saltou diretamente de chimpanzés para humanos. Em outras duas, ele se disseminou por gorilas, que então o transmitiram. Três desses saltos produziram apenas cepas raras de HIV-1, mas o quarto – originado em chimpanzés que vivem em Camarões – produziu uma linhagem de vírus chamada HIV-1 Grupo M, hoje responsável por 90% de todas as infecções HIV-1 (M se refere a *main*, do inglês major ou majoritário).

Acredita-se que o HIV-1 Grupo M evoluiu como o mais bem-sucedido parasita humano em relação a outras versões do HIV. Cientistas suspeitam que parte do sucesso está no fato de ele interagir com a tetherina, e que, ao contrário de outras cepas de HIV, desenvolveu

* Sigla em inglês para Vírus da Imunodeficiência Símia para chimpanzés. (N.T.)

a capacidade de cortar esse laço molecular, permitindo, assim, que o vírus escape de nossas células.

Apesar de não terem descoberto o HIV até a década de 1980, cientistas suspeitavam que esses saltos ocorreram muito tempo antes. Para determinar um momento na história do vírus, pesquisaram HIV em amostras de sangue e tecido extraídas de pacientes muito antes da descoberta da doença. Em 1998, David Ho e colaboradores da Universidade Rockefeller descobriram o HIV-1 Grupo M em uma amostra de 1959 de um paciente em Kinshasa, capital do país africano do Zaire (hoje República Democrática do Congo). Em 2008, Michael Worobey e colaboradores da Universidade do Arizona descobriram outra amostra de HIV-1 Grupo M em um tecido de outra recolha de patologia em Kinshasa, o qual remontava a 1960.

Visando avançarem ainda mais, cientistas chegaram à história codificada nos genes do HIV. No processo de replicação, os vírus acumulam mutações a uma velocidade similar à frequência de relógio, empilhando-se como areia em uma ampulheta. Ao medirem a altura desta pilha de areia genética, os cientistas conseguem estimar qual o tempo transcorrido. Por meio desse método, descobriram que a origem de ambas as amostras do HIV-1 do Grupo M de Kinshasa datava do início do século 20.

Todas essas evidências apontam para uma explicação relativa à origem, ou melhor, às origens, do HIV-1. Durante séculos, caçadores em Camarões mataram chimpanzés e gorilas para comer a carne dos animais, e de tempos em tempos eram contaminados com o SIVcpz dos macacos. Esses caçadores, vivendo em relativo isolamento antes do século 20, eram um beco sem saída para os vírus. Algumas pessoas conseguiam se recuperar de infecções do SIVcpz porque seu sistema imunológico derrotava os hospedeiros mal-adaptados. Em outros casos, os vírus se extinguiam com a morte do hospedeiro antes de contaminarem outro.

A África começou a passar por mudanças dramáticas no início dos anos 1900, o que possibilitou que o SIV se disseminasse entre os humanos. Com o comércio ao longo dos rios, as pessoas se mudavam das aldeias para as cidades, levando os vírus com elas. Iniciou-se a expansão dos assentamentos coloniais na África Central para cidades com maiores populações, de 10 mil pessoas ou mais, e o vírus se propagou ainda mais. Durante anos a ocorrência do HIV-1 Grupo M continuou rara em humanos, porém, em algum momento, adaptou-se e se transmitiu com mais sucesso de pessoa para pessoa. Houve também um golpe de sorte. De alguma forma, em meados da década de 1900 o vírus viajou para Kinshasa (conhecida então como Leopoldville) e rapidamente se disseminou pelas populosas periferias da cidade. De lá, pessoas infectadas viajavam ao longo dos rios e linhas de trem para outras grandes cidades da África Central, como Brazzaville, Lubumbashi e Kisangani.

Nos anos seguintes, o HIV-1 Grupo M deixou a África e alcançou primeiro o Haiti, conforme os trabalhadores no Congo voltaram à sua terra natal depois que o país se tornou independente da Bélgica. Mais tarde, na década de 1970, imigrantes haitianos ou turistas americanos podem ter levado o HIV para os Estados Unidos. Tudo isso ocorreu por volta de quatro décadas depois que o vírus alcançou os humanos, e uma década antes de os cinco homens em Los Angeles adoecerem com uma estranha forma de pneumonia.

Em 1983, quando os cientistas reconheceram o HIV, o vírus já se tornara uma catástrofe mundial oculta. E tão logo os cientistas começaram a tentar lutar contra ele, o HIV já tinha uma grande vantagem. O número anual de mortes aumentou nas décadas de 1980 e 1990. Alguns cientistas previram que o vírus seria rapidamente contido por meio de vacina, mas uma série de testes fracassados frustrou-lhes as esperanças.

Foram necessários anos de trabalho árduo para conter a onda do HIV. Profissionais de saúde pública descobriram que conseguiriam reduzir a transmissão do vírus por meio de políticas sociais, por exemplo, o controle do uso de agulhas e distribuição de preservativos. Mais tarde, a criação de poderosas drogas anti-HIV ajudou a luta. Hoje, milhões de pessoas tomam um coquetel de drogas que afeta a capacidade do HIV de infectar células do sistema imunológico e usá-las para se replicar. Em países ricos, como os Estados Unidos, essas terapias medicamentosas têm possibilitado que pessoas desfrutem uma vida longa e relativamente saudável. A partir do momento em que governos e organizações privadas começaram a entrega desses medicamentos a países mais pobres, vítimas do HIV estão vivendo mais lá também. Em 2005, a taxa anual de mortalidade de HIV atingiu um pico de 2,5 milhões por ano. Desde então, está lentamente decrescendo. Em 2019, o HIV matou 690 mil pessoas.

Em princípio, o mundo poderia zerar esse número, e a melhor esperança seria uma vacina. Alguns cientistas começaram a trabalhar nela logo após a descoberta do vírus, mas os resultados têm sido decepcionantes. Vacinas que pareciam promissoras em experimentos em células fracassaram em animais. Vacinas que os protegeram não ajudaram as pessoas.

Uma razão desse fracasso foi a rápida mutação do HIV. Um século de replicação em milhões de pessoas gerou uma enorme diversidade genética no HIV e, portanto, uma vacina que protege contra uma versão do HIV muitas vezes é inútil contra outra. Talvez, nos próximos anos, seja possível a criação de uma vacina que funcione contra todos os tipos de HIV. Mas nossa ignorância da virosfera deu ao HIV uma mortal vantagem.

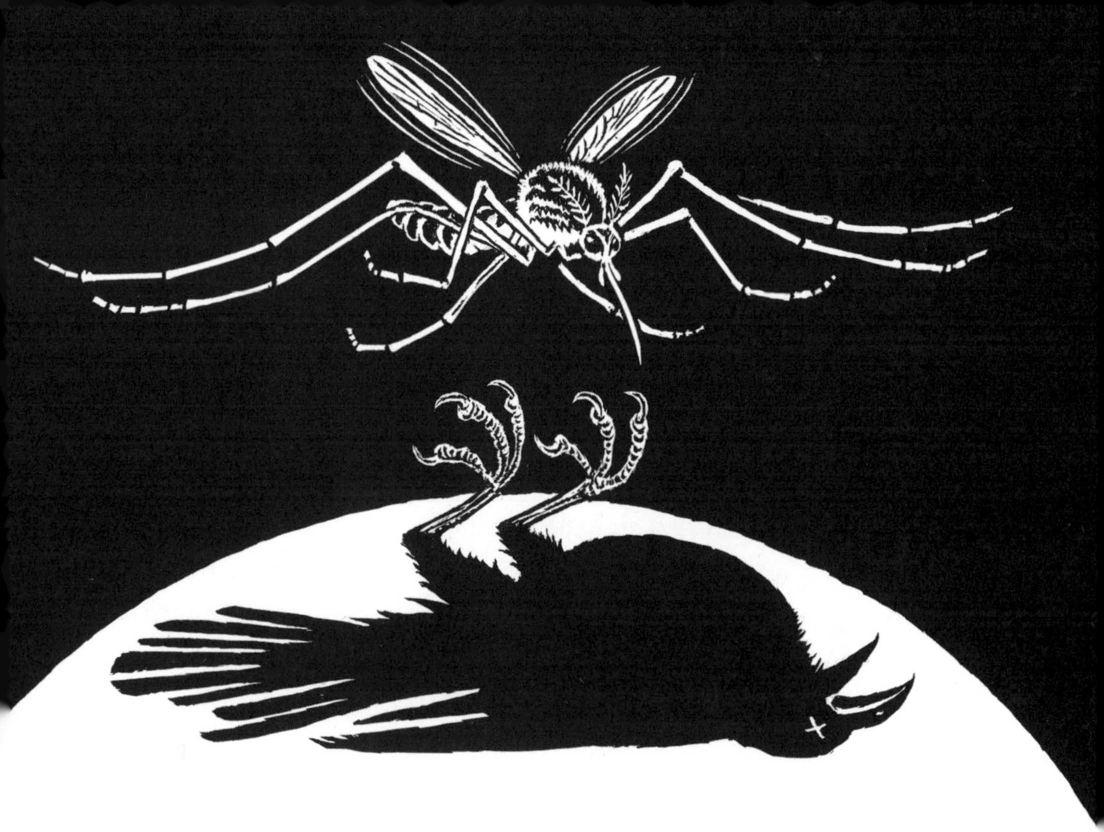

A TRANSFORMAÇÃO EM UM AMERICANO

A GLOBALIZAÇÃO DO VÍRUS DO NILO OCIDENTAL

No verão de 1999, os corvos começaram a morrer.

Tracey McNamara estava no zoológico do Bronx, onde trabalha como patologista-chefe, quando notou corvos mortos no chão. Experiente em morte e doenças em animais, ela sabia que estava diante de um sinal negativo, pois temia que algum vírus novo e mortal estivesse dizimando as populações selvagens de pássaros em torno da cidade de Nova York. Se vírus infectassem os corvos, eles poderiam transmiti-lo para outros pássaros do zoológico.

Terminado o fim de semana do Dia do Trabalho, os piores receios de McNamara se concretizaram: morreram três flamingos-chilenos, um faisão-do-nepal, uma águia-careca e um corvo-marinho. E ainda houve mais vítimas do surto no zoológico, incluindo pegas-americanas, um savacu, gaivotas-alegres, tragopan de Blyth (tragopan de barriga cinzenta), patos de asas bronze e uma coruja-das-neves.

Conforme os funcionários do zoológico levavam mais pássaros mortos para McNamara, ela examinava os corpos para encontrar um fio condutor que justificasse as mortes. Os cérebros de todas as aves haviam sangrado devido a uma infecção, e McNamara, sem descobrir o patógeno responsável, decidiu enviar amostras de tecido aos laboratórios governamentais. Os cientistas realizaram inúmeros testes para os vários patógenos que poderiam ser os responsáveis, mas durante semanas os resultados continuaram negativos.

Concomitante a esse evento, os médicos nas proximidades do Queens também estavam preocupados diante de um surto de encefalite, inflamação do cérebro. É comum que na cidade inteira de Nova York ocorram apenas cerca de nove casos por ano, mas, em agosto de 1999, os médicos em Queens atenderam oito casos em um fim de semana. Conforme o verão se atenuava, mais casos vinham à tona. Alguns pacientes acometidos de febres terríveis ficaram paralisados e, em 9 de setembro, morreram. Embora os testes iniciais apontassem para uma doença viral chamada encefalite de Saint Louis, os testes posteriores não corresponderam aos primeiros resultados.

Enquanto os médicos batalhavam na causa do surto humano, McNamara finalmente encontrou a resposta para o mistério. O Laboratório Nacional de Serviços Veterinários, em Iowa, conseguiu cultivar vírus a partir das amostras de tecido de pássaros mortos que ela lhes havia enviado, e concluiu que se assemelhavam ao vírus da encefalite de Saint Louis.

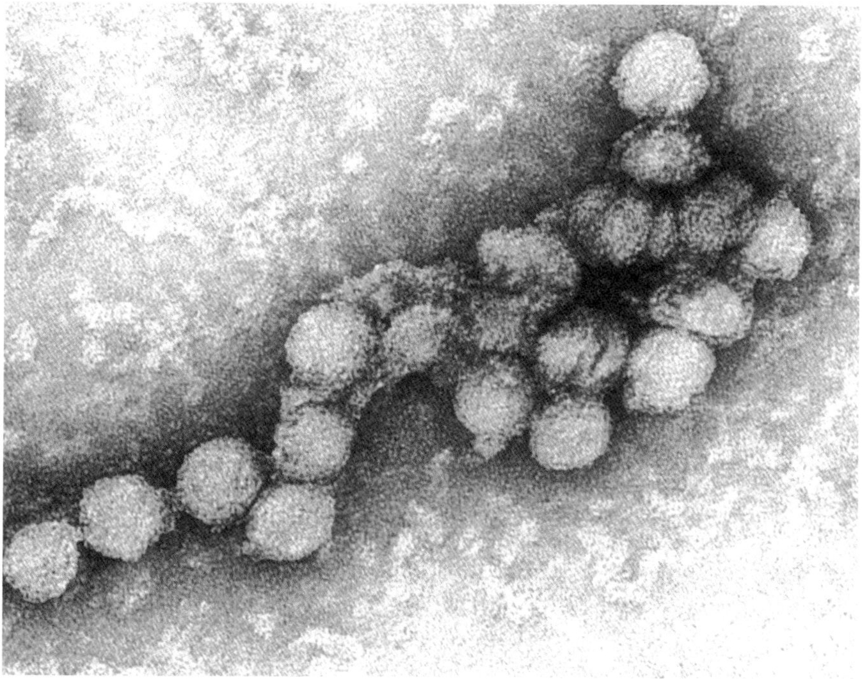

Vírus do Nilo Ocidental em suspensão

McNamara se perguntava se humanos e aves estavam sucumbindo vítimas do mesmo patógeno. Mas ainda teria de saber mais sobre os vírus.

Então convenceu os Centros de Controle e Prevenção de Doenças (CDC) a analisar o material genético dos vírus. Em 22 de setembro, os pesquisadores surpreenderam-se ao descobrir que o responsável pela infecção das aves não era o vírus da encefalite de Saint Louis, mas um patógeno exótico chamado vírus do Nilo Ocidental. Descoberto em Uganda em 1937, o vírus do Nilo Ocidental era conhecido por infectar aves e pessoas em partes da Ásia, Europa e África. Portanto, McNamara e os outros pesquisadores não esperavam encontrá-lo no Bronx. Afinal de contas, ele nunca fora visto antes no hemisfério ocidental.

E também o pessoal da saúde pública, desconcertado com os casos de encefalite de Nova York, optou pela necessidade de ampliar a pesquisa. Duas equipes – uma do CDC e outra liderada por Ian Lipkin, que na época estava na Universidade da Califórnia, em Irvine – isolaram o material genético dos vírus humanos e concluíram que eram vírus do Nilo Ocidental. Nenhum ser humano nas Américas do Norte e do Sul jamais fora infectado antes.

Os Estados Unidos são o lar de muitos vírus que adoecem as pessoas, alguns antigos e outros novos. Há cerca de 15 mil anos, quando os primeiros humanos chegaram ao hemisfério ocidental, eles trouxeram consigo papilomavírus e vários outros vírus. No século 16, os europeus foram responsáveis por uma nova onda de infecção nas Américas. Novos vírus, como o da influenza e o da varíola, mataram milhões de nativos americanos. Nos séculos posteriores, mais vírus chegaram. O HIV chegou aos Estados Unidos na década de 1970 e, no final do século 20, o vírus do Nilo Ocidental tornou-se um dos mais novos imigrantes da América. Chegou e instalou-se confortavelmente em seu novo lar. Nos primeiros vinte anos nos Estados Unidos, o vírus do Nilo Ocidental se disseminou por quase todos os estados, infectou cerca de 7 milhões de pessoas, causou 2.300 mortes e mostra todos os sinais de prosperar nos próximos anos.

O vírus do Nilo Ocidental não se dissemina em gotículas pelo ar, como acontece com a influenza, ou em fluidos corporais, como o HIV, mas vem por meio de picadas de mosquitos. Quando um mosquito pousa em uma pessoa, ele encrava sua boca como uma seringa na pele. Preparando-se para sugar o sangue, primeiro injeta enzimas das próprias glândulas salivares na lesão e, caso esteja infectado com o vírus do Nilo Ocidental, também injetará alguns desses patógenos na pele.

Assim que o vírus do Nilo Ocidental entra em um hospedeiro humano, ele perambula pela pele até encontrar uma célula imune. Cerca de 80% das pessoas que contraem o Nilo Ocidental nunca se sentem mal, pois a infecção termina logo. Mesmo que não se apresentem sintomas, os contaminados produzem potentes anticorpos que inviabilizam outra infecção.

Nos outros 20%, uma infecção com o vírus do Nilo Ocidental não desaparece tão rápido, na medida em que as células imunológicas que supostamente eliminariam os vírus da pele são infectadas por ele. Alguns rastejam para um gânglio linfático, onde conseguem saltar de uma célula para outra. Então, as células infectadas saem do gânglio e se espalham por todo o corpo.

Pessoas gravemente infectadas pelo vírus do Nilo Ocidental podem ter febre, dores de cabeça, exaustão ou vômito, sintomas que em geral desaparecem assim que o sistema imunológico finalmente atinge a infecção. No entanto, em cerca de 1% delas, a maioria com mais de 50 anos, o vírus chega ao cérebro, onde consegue não só infectar neurônios e matá-los, mas também causar ainda mais estragos ao ativar o sistema imunológico para produzir uma onda de inflamação.

Apesar de todos os danos que os vírus do Nilo Ocidental são capazes de causar no corpo de algumas pessoas, os humanos não importam a eles para que sobrevivam no longo prazo. Mesmo nossas mais graves infecções não produzem o número suficiente de novos vírus para infectar um mosquito que nos pica. Em outras palavras, para o vírus do Nilo Ocidental, somos becos sem saída, assim como cães, cavalos, esquilos e várias outras espécies mamíferas. Por outro lado, em uma ave, o vírus do Nilo Ocidental consegue se multiplicar em bilhões poucos dias depois da picada de um mosquito.

Para os cientistas reconstruírem a história do vírus do Nilo Ocidental, analisaram os genes dele do mesmo modo que analisaram outros vírus, por exemplo, o HIV. Essa pesquisa sugere que ele evoluiu primeiro em pássaros na África, os quais depois, durante a migração, o transportaram para outros continentes, onde infectaria novas espécies, inclusive os humanos. Em uma única epidemia de 1996 na Romênia, 90 mil pessoas contraíram o Nilo Ocidental, e 17 morreram, até que enfim desenvolveram imunidade nessas regiões. Como consequência, os surtos explosivos foram substituídos por infecções mais reduzidas e estáveis.

Surpreende que os Estados Unidos tenham sido poupados desse vírus por tanto tempo. As variações genéticas do vírus do Nilo Ocidental encontradas em todo o país sugerem que ele chegou em 1998, e não foi detectado muitos meses antes de se espalhar em Nova York. Todas as cepas americanas do vírus do Nilo Ocidental se assemelham a uma amostra isolada de um ganso morto em Israel em 1998. Alguns cientistas levantaram a hipótese de que um contrabandista de animais trouxe um pássaro infectado do Oriente Próximo para Nova York. Outros se perguntam se em um voo havia algum mosquito infectado com o vírus.

Independentemente do animal que transportou o vírus do Nilo Ocidental para os Estados Unidos, ele achou uma abundância de novos hospedeiros para se desenvolver, sendo encontrado em 62 espécies de mosquitos nativos dos Estados Unidos e 300 espécies de pássaros. Alguns em particular, incluindo tordos-americanos e pardais, revelaram-se incubadoras muito boas. Pulando de ave para mosquito e para ave, em somente quatro anos o vírus do Nilo Ocidental se disseminou pelos Estados Unidos. E de lá logo se espalhou para o norte, Canadá, e para o sul, Brasil e Colômbia.

Uma vez que o vírus do Nilo Ocidental chegou ao hemisfério ocidental, ele se estabeleceu em ciclos regulares. Na primavera, os pássaros produzem novas gerações de filhotes, alvos indefesos dos mosquitos transmissores do vírus. O percentual de pássaros infectados aumenta no verão, e muitos mosquitos são infectados em decorrência de se alimentarem das aves. Esses mosquitos picam as pessoas que passam mais tempo ao ar livre nos meses quentes do ano, contaminando-as com o Nilo Ocidental.

Com a queda da temperatura no outono, em grande parte dos Estados Unidos os mosquitos morrem e os vírus não mais se disseminam. Entretanto, ninguém ainda sabe com certeza como eles sobrevivem ao inverno. Talvez a população de vírus resista no Sul, onde o clima não é tão agressivo para seus insetos hospedeiros. Ou talvez, quando os mosquitos põem ovos, eles os infectem com o Nilo Ocidental. Depois de um período de hibernação, os ovos infectados eclodem na primavera, e surge uma nova geração pronta para disseminar o vírus para mais pássaros.

Esse ciclo regular de vida do vírus dificulta combatê-lo, pois as medidas que conseguem eliminar outros vírus não funcionam com ele. Lavar as mãos e fechar escolas ajuda a retardar um surto de influenza, porque esses vírus só viajam para novos hospedeiros em gotículas liberadas da boca e do nariz de pessoas contaminadas. Por outro lado, o vírus do Nilo Ocidental é transmitido a novos hospedeiros por mosquitos famintos. Algumas comunidades tentaram eliminá-lo pulverizando pesticidas em áreas de reprodução, mas esses esforços, além de inúteis para erradicar por completo os insetos, causam danos ambientais.

Soma-se a esse quadro o fato de sermos para o vírus do Nilo Ocidental um beco sem saída. Muitas outras espécies, como o papilomavírus humano e a varíola, se adaptam perfeitamente à nossa espécie e não conseguem sobreviver em nenhuma outra. Mas o vírus do Nilo Ocidental se desenvolve em muitas espécies de pássaros. Assim, mesmo se os médicos de alguma forma se livrassem de todos os vírus do Nilo Ocidental que infectam um hospedeiro humano, bilhões de pássaros estariam gerando um novo grupo para os mosquitos nos entregarem.

Lamentavelmente para aqueles que são contaminados, por ora inexistem medicamentos antivirais que eliminem a infecção ou uma vacina aprovada para uso em pessoas. Quando o vírus do Nilo Ocidental chegou aos Estados Unidos, vários fabricantes de vacinas iniciaram testes, até criando algumas seguras e capazes de produzir anticorpos contra esse vírus. Mas o custo e as demandas necessários para realizar testes em grande escala se mostraram inviáveis para justificar o potencial benefício. Cavalos tiveram mais sorte: recebem uma vacina eficaz. Até aves em extinção, como o condor-da-califórnia, foram protegidas por vacinas. Porém, parece que nós, humanos, teremos de esperar.

A história do vírus do Nilo Ocidental já se repetiu duas vezes nos anos seguintes. Em 2013, chikungunya, um novo vírus transmitido por um mosquito, chegou ao Caribe, identificado pela primeira vez durante um surto na Tanzânia em 1952. O nome significa "aqueles que se dobram" na língua kimakonde do sul da Tanzânia, remetendo ao fato de as vítimas se contorcerem de dor. Ninguém sabe como o vírus chikungunya chegou às Américas, talvez por um viajante infectado ou por um mosquito liberado em um avião. Mas os cientistas conhecem o material genético do vírus, cuja cepa caribenha é quase idêntica a uma que circulou na China e nas Filipinas. De alguma forma, o vírus avançou pelo planeta. E explodiu. Só no primeiro ano, a chikungunya causou mais de 1 milhão de infecções em seu novo lar.

Passados dois anos, um novo vírus surgiu no Brasil, o qual os médicos descobriram porque centenas de bebês nasceram com "minicérebros" (microcefalia). A causa foi as mães dos recém-nascidos terem sido infectadas por outro vírus transmitido por mosquitos, o zika, cujo nome vem da floresta de Zika, em Uganda, onde foi descoberto em um macaco em 1947. No ano seguinte, os cientistas o descobriram em um mosquito na mesma floresta. Nas décadas posteriores, o zika esporadicamente causava febre nas pessoas na África Oriental, até o primeiro grande surto, não em Uganda, mas a milhares de quilômetros de distância, na ilha de Yap, no Pacífico. Depois, o zika se disseminou por muitos outros países da Ásia; um estudo de 2014 com crianças indonésias descobriu que 9% delas tinham anticorpos contra ele.

Em 2015, o zika chegou às Américas. Depois de devastar o Brasil, espalhou-se pela Colômbia e pelo México por meio de mosquitos e contato sexual. Os primeiros casos nos Estados Unidos ocorreram na primavera de 2016. Curiosamente, o vírus zika não parecia gerar tanto risco de malformações congênitas ao se disseminar para o norte. Em 2017, a epidemia de zika começou a desaparecer. Os pesquisadores, ainda sem terem certeza do porquê, levantam a hipótese de que muitas pessoas foram infectadas sem saber e desenvolveram imunidade. No entanto, acabada a epidemia, o vírus zika não desapareceu. Milhares de pessoas na América do Sul continuaram a adoecer todos os anos, e os cientistas esperam que ele ressurja em condições propícias.

O futuro parece promissor para o vírus do Nilo Ocidental e outros transmitidos por mosquitos que o têm seguido nas Américas.

Afinal, o futuro será quente. Estudos nas últimas duas décadas sobre o Nilo Ocidental nos Estados Unidos comprovaram que ele prospera em temperaturas elevadas. Também em épocas de chuvas fortes os mosquitos se reproduzem mais rapidamente e proliferam mais, e o próprio vírus se multiplica com mais rapidez no interior dos insetos. O dióxido de carbono e outros gases que retêm o calor do sol estão elevando a temperatura média nos Estados Unidos, e cientistas climáticos projetam que continuará a aumentar muito mais nas próximas décadas, com algumas regiões mais úmidas e tempestuosas. Tais condições podem não apenas fomentar o crescimento de mosquitos e vírus, mas ainda produzir invernos quentes, que possibilitam que os mosquitos avancem mais para o norte. Agora que o vírus do Nilo Ocidental construiu um novo lar, estamos tornando-o mais acolhedor para ele.

A ERA PANDÊMICA

SEM SURPRESA COM A CHEGADA DA COVID-19

Li Wenliang trabalhava como oftalmologista em um hospital em Wuhan, uma grande cidade com 11 milhões de pessoas no leste da China. Em dezembro de 2019, o médico de 34 anos ficou sabendo que em seu hospital havia sete pacientes com pneumonia grave colocados em quarentena. Como todos trabalhavam no mesmo mercado de peixes, parecia ocorrer um surto na cidade. As autoridades locais silenciaram sobre a pneumonia, mas Li se assustou com o que descobriu.

Os sintomas dos sete pacientes – febre, tosse seca, edema pulmonar – lembraram-no de uma doença que varrera a China dezessete anos antes, a síndrome respiratória aguda grave, ou Sars, causada por um tipo de vírus denominado coronavírus. A maioria dos coronavírus em humanos causava resfriados leves, mas a Sars matava 10% das vítimas. Felizmente, as quarentenas interromperam o surto de Sars, e nunca mais se viu o vírus desde então.

No entanto, Wuhan estava vivendo um conjunto de casos tipo Sars. Um colega do hospital mostrou a Li o resultado do teste de um dos pacientes, confirmando a presença de coronavírus. Nas redes sociais, Li, que pertencia a um grupo fechado de médicos, todos ex-alunos da Universidade de Wuhan, postou uma mensagem para os amigos em 30 de dezembro, advertindo-os para que ficassem em alerta.

Alguém fez uma captura de tela da mensagem, repassou-a e logo viralizou on-line. Já havia dias que circulavam boatos sobre a pneumonia, e ali estava a confirmação vinda de um médico de um grande hospital – a primeira vez que um profissional da área disparou o alarme.

"Eu só queria alertar meus colegas para tomarem cuidado", disse ele mais tarde a um repórter da CNN. "Quando a vi circulando on-line, percebi que a situação escapara do meu controle e provavelmente seria punido."

Li tinha razão. Funcionários do hospital o convocaram para explicar como ele sabia dos casos, até que, em 3 de janeiro, foi chamado a uma delegacia de polícia para assinar a declaração de que "perturbou seriamente a ordem pública" ao espalhar afirmações "que não eram factuais e infringiam a lei". Li prometeu não se envolver em quaisquer outros atos ilícitos.

Li foi punido pela divulgação de informações que a China estava compartilhando com a Organização Mundial da Saúde, em razão da ocorrência diária de mais casos de pneumonia em Wuhan. Li retornou ao trabalho, tentando evitar problemas. Poucos dias depois, atendeu, sem tomar quaisquer precauções, uma paciente com glaucoma que, com exceção do problema nos olhos, parecia saudável. Mais tarde, a mulher adoeceu e infectou toda a família. Em 10 de janeiro, Li começou a tossir. "Fui descuidado", disse ao *The New York Times*.

Logo Li lutava para conseguir respirar. Internado no hospital, recebeu uma máscara para lhe fornecer oxigênio. Como a pneumonia de Li era causada por um vírus, e não por bactérias, os antibióticos não ajudavam. Portanto, restava aos médicos esperar e torcer para que o colega conseguisse se recuperar – uma esperança justificável, dado que era jovem e saudável. Devido ao alto poder de infecção do vírus, Li foi mantido em isolamento absoluto, comunicando-se com a esposa grávida e o filho de quatro anos só por vídeo. Quando Li falou com o *Times* no final de janeiro, afirmou acreditar que logo sairia do hospital. "Em uns quinze dias ou pouco mais me recupero", disse. "Vou me unir às equipes *médic*as na luta contra a epidemia. Essa é a minha responsabilidade."

Uma semana depois, Li morreu. Logo o vírus recebeu um nome oficial – Sars-CoV-2 –, e denominaram a doença que causou de covid-19. Quando sua esposa deu à luz em junho, o Sars-CoV-2 se disseminara por todo o planeta. Quase 8 milhões de pessoas tinham testado positivo para o vírus, e era provável que dezenas de outros milhões estivessem infectadas. A contagem oficial de mortes já passava de 430 mil,* embora o número real fosse provavelmente muito mais elevado. Como o vírus se disseminava de um país após o outro, a opção foi trancafiar os cidadãos para desacelerar a ofensiva, resultando na maior retração econômica desde a Grande Depressão, com

* À época da publicação da edição brasileira (junho de 2021), o número de mortos no mundo já se aproximava dos 4 milhões. (N.E.)

prejuízos de trilhões de dólares à economia mundial e centenas de milhões de pessoas empurradas para a miséria.

É possível que, caso médicos como Li tivessem soado o alarme mais cedo, grande parte desta catástrofe global fosse evitada. Talvez nunca conheçamos a identidade da primeira pessoa infectada com covid-19, o paciente zero desta nova pandemia, mas devemos honrar a memória de seu primeiro herói.

A covid-19 pegou muita gente de surpresa, mas não deveria. Por décadas os virologistas vêm alertando para a ameaça do surgimento de vírus emergentes. "A epidemia mundial da síndrome de imunodeficiência adquirida (Aids) demonstra que doenças infecciosas não são um vestígio de nosso passado pré-moderno, mas, como as doenças em geral, o preço que pagamos por viver no mundo orgânico", escreveu o virologista Stephen Morse em 1991.

Morse emitiu esse alerta quando o HIV emergia como uma ameaça global depois de evoluir de um vírus de chimpanzé. Morse e outros virologistas temiam que vírus de outros animais também se disseminassem após transpor a barreira entre as espécies. Febre do vale Rift,* varíola dos macacos e ebola eram nomes conhecidos apenas por virologistas na década de 1990. De vez em quando, infectavam algumas pessoas com terríveis efeitos antes de desaparecerem de volta a seus animais hospedeiros. Mas um deles, sob condições adequadas, tem potencial de se tornar o próximo HIV ou a próxima gripe pandêmica. E quanto mais pressão nós, humanos, exercermos sobre os habitats onde esses animais vivem, derrubando florestas tropicais e devastando áreas selvagens para agricultura em larga escala, mais provável será que surja algum vírus.

---

* Doença causada por um vírus transmitido por mosquitos e moscas que se alimentam de sangue, a qual normalmente afeta animais (geralmente bovinos e ovinos), mas também pode atingir seres humanos. (N.T.)

Morse alertou que a próxima ameaça pode vir de um vírus ainda nem nomeado. "A menos que ocorram esforços conjuntos de pesquisa, os vírus tendem a ser descobertos por acaso", escreveu, "ou, como tem sido o caso para quase todas as doenças virais humanas, quando finalmente surgem para desencadear surtos dramáticos de doenças em algum lugar do mundo ocidental." A Sars surgiu onze anos depois do alerta de Morse, que pareceu acertar em cheio. Em novembro de 2002, um agricultor chinês com febre alta foi atendido em um hospital e morreu logo depois. Outras pessoas da mesma região na China começaram também a manifestar a doença, mas os casos só chamaram a atenção do mundo quando um empresário americano, voando de volta da China, apresentou febre em um voo para Cingapura. O voo parou em Hanói, onde o homem faleceu. Em pouco tempo as pessoas estavam adoecendo em países tão distantes como o Canadá.

Cientistas começaram a pesquisar amostras extraídas de vítimas da Sars na tentativa de descobrir uma causa para a doença. Malik Peiris, da Universidade de Hong Kong, liderou a equipe de pesquisadores que a encontrou: em um estudo envolvendo cinquenta pacientes com Sars, descobriram o mesmo vírus em dois deles. Peiris e colaboradores sequenciaram o material genético do novo vírus, e procuraram genes coincidentes em outros pacientes. Encontraram correspondência em 45 deles.

Eram coronavírus, um tipo de vírus cujo nome se justifica por apresentar uma coroa de proteínas em forma de espigão em sua superfície. Os primeiros cientistas que estudaram esses vírus na década de 1960 acharam que ele lembrava a coroa visível ao redor do sol durante um eclipse. Devido ao fato de os coronavírus humanos conhecidos até então causarem apenas resfriados leves, a descoberta de um responsável por pneumonia fatal foi surpreendente. Quando

Morse e seus colaboradores listaram os tipos de vírus que geravam preocupação, os coronavírus não apareceram.

No entanto, a Sars surgiu exatamente como Morse e sua equipe haviam preconizado. Para rastrear a origem do vírus – conhecido como Sars-CoV –, os cientistas recorreram ao mesmo método usado para determinar a origem do HIV: montaram uma árvore genealógica do vírus e, em seguida, buscaram parentes próximos em animais. Descobriram, então, que o Sars-CoV não surgiu em primatas, mas em morcegos-de-ferradura chineses.

É possível que o Sars-CoV tenha primeiro se disseminado para outro animal antes de atacar humanos. Pesquisadores encontraram o vírus em um tipo de felino mamífero chamado civeta, comum em mercados de animais chineses. No entanto, também é possível que o Sars-CoV tenha saltado diretamente dos morcegos para os humanos. Alguém pode ter comido um morcego infectado ou mesmo se contaminado ao entrar em contato com os excrementos do animal. Qualquer que seja a rota para nossa espécie, o vírus revelou ter a biologia certa para se disseminar de pessoa para pessoa.

Felizmente, descobriu-se que as pessoas com Sars transmitiam a doença apenas depois de apresentarem os primeiros sintomas, como febre e tosse. Portanto, tão logo adoeciam, eram rapidamente colocadas em isolamento, evitando, assim, a disseminação do vírus. Ao todo, houve cerca de 8 mil casos e 900 mortes antes de a Sars desaparecer. Comparado a um ano normal de infecções gripais, o surgimento da Sars foi como uma bala evitada. Mas, se a Sars tivesse vindo de morcegos-de-ferradura chineses, os cientistas sabiam que poderia se manifestar novamente.

Uma década depois, um novo coronavírus apareceu na Arábia Saudita. Em 2012, médicos de hospitais sauditas não conseguiam identificar uma doença respiratória que afetava alguns pacientes.

Parecia-se com a Sars, só que era mais letal, levando a óbito quase um terço dos pacientes. A doença passou a ser conhecida como síndrome respiratória do Oriente Médio, ou Mers (*Middle Eastern Respiratory Syndrome*), e logo os virologistas isolaram o coronavírus que a causava, um primo bastante próximo do Sars-CoV. Também se encontram parentes mais próximos do Mers-CoV em morcegos, mas, no caso de Mers, os morcegos viviam na África, não na China.

Como morcegos africanos podem ter causado uma epidemia no Oriente Médio era uma pergunta sem uma resposta lógica. No entanto, um indício importante surgiu quando examinaram os mamíferos dos quais muita gente no Oriente Médio depende para sua subsistência: camelos. Começaram a encontrar camelos repletos de vírus Mers em gotas do muco que escorria de seus narizes. Uma possível explicação para a origem da Mers está na possibilidade de que, a partir dos morcegos, o vírus foi transmitido aos camelos na África do Norte, onde há um vigoroso comércio de camelos com o Oriente Médio. Talvez um camelo doente tenha transportado o vírus para o seu novo lar.

Com a descoberta da história da Mers, havia um bom motivo para se temer um surto global ainda pior do que o da Sars. A cada ano, mais de 2 milhões de muçulmanos viajam até a Arábia Saudita para a peregrinação anual conhecida como *hajj*. Portanto, era muito lógico imaginar o vírus da Mers se disseminando com rapidez entre as multidões e depois viajando com os peregrinos de volta para suas casas em todo o mundo. Mas, até agora, isso não aconteceu. A cada poucos meses, surge uma nova onda de algumas dezenas de casos de Mers. O vírus atingiu 27 países, causando um total de 2.562 casos em novembro de 2020 e 881 mortes. A maioria dos surtos ocorreu em hospitais, levantando nos cientistas a suspeita de que a Mers só

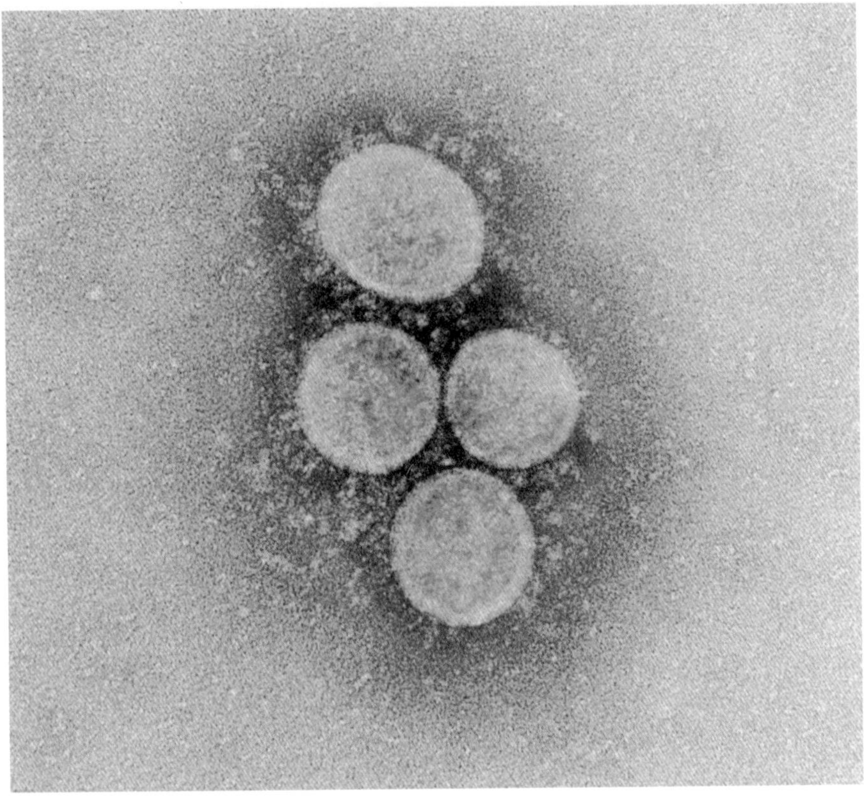

Partículas de vírus da covid-19 isoladas de um paciente

consegue invadir com sucesso os corpos de pessoas com sistema imunológico enfraquecido.

Ainda que assustadoras, o mundo respondeu com complacência à Sars e à Mers, afinal, os vírus não afetaram muitas pessoas. Esse não foi o caso do coronavírus causador da covid-19.

A composição genética do Sars-CoV-2 mostra relação próxima com a do Sars-CoV. É provável que esses coronavírus descendam de um ancestral comum que infectou vários morcegos centenas de anos atrás. Por séculos, seus ancestrais circularam em morcegos por toda a China, sofrendo mutação e adaptando-se aos seus hospedeiros aéreos. Ocorreram ainda novas combinações quando dois coronavírus infectaram um único animal com mistura dos genes. De todos os coronavírus encontrados pelos cientistas nos morcegos da China, os mais relacionados ao Sars-CoV-2 se diferenciaram dele décadas atrás. Portanto, as origens imediatas da pandemia da covid-19 continuam, por ora, envoltas em mistério.

Talvez o Sars-CoV-2 tenha seguido o mesmo caminho básico de seus primos coronavírus, para não mencionar outros vírus, como HIV e influenza. Em 2019, apenas uma pessoa na China adoeceu com uma infecção por coronavírus; é possível que esse primeiro hospedeiro humano tenha sido um fazendeiro chinês distante de Wuhan. Então, o vírus se adaptou para infectar nossas vias aéreas e foi gradualmente se adaptando para passar de humano para humano em vez de morcego para morcego. Ao chegar à cidade de Wuhan, o vírus encontrou milhões de pessoas vivendo e trabalhando em alojamentos próximos, onde um único infectado poderia contaminar dezenas de outras pessoas.

De certa forma, o Sars-CoV-2 agiu de maneira idêntica ao Sars-CoV: os dois coronavírus usaram a mesma proteína, denominada ACE2, na superfície de células das vias aéreas para invadir. Ambos acionaram o sistema imunológico para criar uma imensa e destrutiva reação, que devastava os pulmões do paciente. No entanto, o novo coronavírus se diferenciava em alguns aspectos fundamentais. Para começar, era muito menos letal. Aproximadamente 1 em 200 pessoas que contraiam a covid-19 vão morrer, ao contrário de 1 em cada 10 no caso da Sars. Mas, diferente dos contaminados com Sars, os que pegam covid-19 podem disseminar o vírus dias antes de apresentarem sintomas; em um quinto dos casos, as pessoas são assintomáticas. Consequentemente, a disseminação da covid-19 pela China e por outros países ocorreu muito antes de as autoridades de saúde pública perceberem que estavam diante de um desastre. E, com o vírus estabelecido em um novo país, muitas vezes se revelou impossível controlá-lo recorrendo às estratégias eficazes contra a Sars dezessete anos antes.

Muitas pessoas não perceberiam que haviam contraído covid-19 por meses depois da infecção e, portanto, precisariam de um teste de anticorpos para saber se o sistema imunológico combatera o vírus. Alguns contaminados, por sorte, apresentaram poucos sintomas, mas muitos ficaram prostrados por dias ou semanas. Cerca de 20% precisaram ser hospitalizados. Médicos que encontraram a covid-19 descobriram que ela difere dramaticamente da influenza ou mesmo de outras doenças das vias respiratórias com as quais estavam familiarizados. A covid-19, além de devastar os pulmões dos infectados, consegue também atingir outras partes do corpo e causar ataques cardíacos, insuficiência renal e derrames por coágulos sanguíneos.

A pandemia seguiu diferentes caminhos em diferentes países, grande parte em razão da seriedade com que os governos se prepararam para o pior. Por exemplo, a Coreia do Sul, que sofreu muito na epidemia de Sars, conseguiu se proteger de um brutal surto de Mers nos hospitais. O governo, reconhecendo que os coronavírus poderiam atingi-los de novo, armazenou equipamentos de proteção para suas equipes de saúde e investiu em especialistas em saúde pública capazes de rastrear o vírus à medida que se disseminasse de pessoa para pessoa. Em 20 de janeiro de 2020, a Coreia do Sul confirmou seu primeiro caso de covid-19 e imediatamente tomou uma ação decisiva: um teste genético para detectar infecções por covid-19. Para facilitar a testagem das pessoas, usaram o sistema *drive-thru*, por meio do qual agentes de saúde com equipamentos de proteção, com cotonetes próprios, extraíam amostras do interior do nariz das pessoas sem que precisassem sair dos carros. Quando descobriu que uma igreja se tornara foco de infecção, o governo sul-coreano enviou um esquadrão de rastreadores de contato para identificar todos os que foram expostos. Até o fim de 2020, haviam ocorrido apenas 60 mil casos e 900 mortes no país.

Nos Estados Unidos, o primeiro caso aconteceu no mesmo dia, mas a carnificina foi bem mais grave. O governo decidiu não usar um teste já existente para Sars-CoV-2, optando por criar o seu. Em razão da incrível incompetência burocrática, só depois de semanas descobriram que o teste não funcionava. Laboratórios biológicos de ponta em universidades americanas conseguiriam facilmente produzir testes, mas o governo bloqueou todas as tentativas. No final de janeiro e ao longo de fevereiro, os Estados Unidos quase não testaram a população, concentrando-se sobretudo em viajantes vindos da China. A administração Trump proibiu viagens ao país, o que se revelou inútil, pois o vírus já havia se disseminado para vários outros países. Como se soube depois, em Nova York se concentrou a maior parte dos vírus vindos da Europa. Em março, os hospitais lotaram com casos de covid-19. Diferente dos sul-coreanos, os agentes de saúde norte-americanos enfrentaram com frequência enormes dificuldades em conseguir equipamentos de proteção em número suficiente para se protegerem do vírus altamente contagioso. Alguns usavam sacos de lixo. Cidades de todo o país – Los Angeles, Seattle, Chicago, Detroit e muitas outras – transformaram-se em Wuhans. A cidade de Nova York contabilizou mais de 25 mil mortes até o final de 2020, mais de mil vezes do que em Seul, quase do mesmo tamanho. Em todo o país, 2020 terminou com mais de 18,7 milhões de americanos testando positivo para covid-19 e por volta de 350 mil mortos.

No entanto, na mesma época a população conseguiu vislumbrar uma luz para além do desespero, porque as vacinas estavam chegando. A pesquisa por vacinas contra a covid-19 se iniciou em janeiro de 2020, assim que cientistas chineses isolaram o Sars-CoV-2 e sequenciaram seu genoma. Alguns pesquisadores recorreram a métodos tradicionais, aplicando produtos químicos ao coronavírus para inativá-lo, assim como Jonas Salk fizera na década de 1950 para criar a vacina contra a poliomielite. Outros usaram métodos mais modernos, como o desenvolvimento de moléculas de RNA que ensinavam as células das pessoas a produzirem proteínas virais. Em novembro, os ensaios clínicos começaram a comprovar que algumas das vacinas seriam capazes de proteger da covid-19 os voluntários. E, em dezembro, iniciaram-se pelo mundo as campanhas de vacinação em massa. Normalmente, demora uma década ou mais para se desenvolver e aprovar uma nova vacina por meio de ensaios e testes clínicos. Antes da covid-19, a vacina contra a caxumba batera o recorde de tempo, ou seja, quatro anos, mas cientistas o quebraram na tentativa de acabar com a pandemia.

Pelo bem da humanidade, precisamos aprender com essa experiência. Enfrentaremos mais covids – talvez a covid-24, ou a covid-31, ou a covid-33. Os coronavírus formam apenas um grupo de vírus que os pesquisadores sabem que podem causar novas doenças humanas. E os virologistas estão bastante cientes de que apenas começaram a explorar a diversidade da virosfera. Visando reduzir esse desconhecimento, cientistas pesquisam animais, em busca de fragmentos de material genético de vírus. Entretanto, como vivemos em um planeta de vírus, essa tarefa é colossal. Ian Lipkin e seus colaboradores da Universidade Columbia capturaram 133 ratos em Nova York e descobriram 18 novas espécies de vírus estritamente relacionados aos patógenos humanos. Em outro estudo em Bangladesh, examinaram um morcego raposa-voadora indiano e tentaram identificar cada vírus nele. Identificaram 55 espécies, 50 das quais novas para a ciência.

É por ora impossível que afirmemos qual, nem mesmo se algum desses vírus recém-descobertos causará uma nova pandemia, o que não significa que simplesmente os ignoremos. Em vez disso, precisamos continuar vigilantes para que consigamos bloqueá-los antes que façam o grande salto para a nossa espécie.

O LONGO ADEUS

O ESQUECIMENTO POSTERGADO DA VARÍOLA

Em 2021, enquanto escrevo, o destino derradeiro da covid-19 permanece incerto. O coronavírus continuará se disseminando pelo mundo, matando milhões de pessoas? As vacinas oferecerão proteção capaz de reduzir a transmissão do vírus, com antivirais que tornem a covid-19 uma doença leve? Será que o vírus se abrigará em uma caverna cheia de morcegos, pronto para voltar um dia como a Sars? Ou conseguiremos erradicá-lo completamente?

Se a história nos servir de guia, essa última possibilidade é a menos provável, afinal, a medicina erradicou por completo apenas uma única espécie de vírus humano da natureza: o causador da varíola.

Nos últimos milhares de anos, a varíola pode ter matado mais pessoas do que qualquer outra doença na Terra. Portanto, que vírus difícil de erradicar!

As origens da varíola ainda não estão bem discernidas, mas, no século 4, médicos chineses observaram cuidadosamente o curso da doença. O vírus se dissemina pelo ar e, uma semana depois de infectadas, as pessoas começam a sentir calafrios, têm febre alta e dores torturantes. Passados alguns dias, a febre diminui, embora o vírus continue afetando as vítimas: manchas vermelhas dentro da boca, depois no rosto e em seguida no resto do corpo. As manchas se convertem em bolhas cheias de pus e causam dor aguda. Cerca de um terço dos contaminados morre. Nos sobreviventes, as crostas que cobrem as pústulas deixam cicatrizes profundas e permanentes.

A evidência direta mais antiga de varíola vem do século 7 em esqueletos vikings cujos ossos ainda retêm fragmentos dos genes do vírus. Nos séculos posteriores, o vírus apareceu em novos lugares e causou estragos. Quando chegou à Islândia em 1241, matou 20 mil dos 70 mil habitantes da ilha. Entre 1400 e 1800, a varíola matou aproximadamente 500 milhões de pessoas a cada século somente na Europa. As vítimas incluem soberanos, como o czar Pedro II da Rússia, a rainha Maria II da Inglaterra e o imperador José I da Áustria.

Mas só com a chegada de Colombo ao Caribe o povo das Américas foi exposto ao vírus. Os europeus involuntariamente trouxeram uma arma biológica que deu aos invasores uma vantagem brutal sobre os oponentes.

Sem imunidade ao vírus agente causador da varíola, os nativos americanos morreram em massa quando expostos a ele. Na América Central, acredita-se que mais de 90% da população nativa morreu de varíola nas décadas posteriores à chegada dos conquistadores espanhóis no início dos anos 1500.

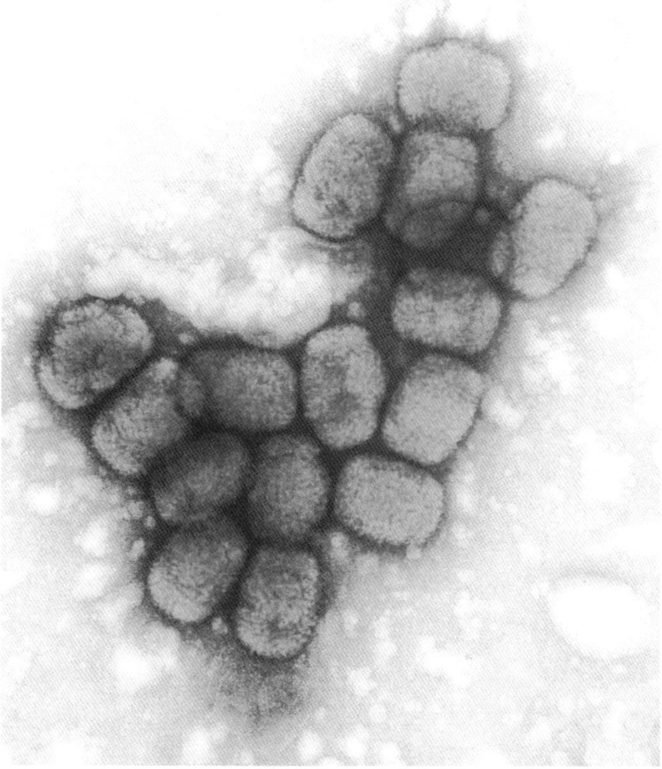

Vírus da varíola em suspensão

A primeira maneira eficaz de prevenir a propagação da varíola provavelmente surgiu na China por volta do ano 900. Os médicos esfregavam uma crosta de um contaminado em um arranhão na pele de uma pessoa saudável. (Às vezes a administravam como um pó inalado.) A variolação, nome desse processo, causava com frequência a formação de uma única pústula no braço inoculado. Depois que a pústula cicatrizava, uma pessoa variolada se tornava imune ao vírus.

Pelo menos, essa era a ideia. Quase sempre, a variolação originava mais pústulas e, em 2% dos casos, as pessoas morriam. Sem dúvida, o risco de 2% era mais atraente do que a possibilidade de 30% morrerem da doença. A variolação se espalhou pela Ásia, movendo-se para o oeste ao longo das rotas comerciais até chegar a Constantinopla nos anos 1600. Conforme as notícias de êxito do processo alcançavam a Europa, os médicos de lá também começaram a praticá-lo, o que desencadeou objeções religiosas, afinal, somente a Deus cabia decidir quem sobreviveria à temida varíola. Para combater os receios, os médicos organizaram experimentos públicos.

Zabdiel Boylston, médico, fez variolação pública em centenas de pessoas em 1721, durante uma epidemia de varíola em Boston; como resultado, aqueles que se submeteram ao processo sobreviveram à epidemia em número superior ao daqueles que não participaram dele. Durante a Guerra da Independência dos Estados Unidos, George Washington ordenou que todos os seus soldados fossem variolados, visando poupar o exército do que ele chamou de "a maior de todas as calamidades que podem nos assolar".

Na época, ninguém sabia por que a variolação funcionava, pois ninguém sabia o que eram os vírus ou como nosso sistema imunológico os combatia. Portanto, o tratamento da varíola avançou sobretudo por tentativa e erro. No final dos anos 1700, Edward Jenner, médico britânico, inventou uma vacina mais segura contra a varíola, baseando-se em histórias sobre como as mulheres responsáveis pela ordenha não contraíam a doença. As vacas podem ser infectadas com varíola bovina, um parente próximo da varíola, e Jenner se perguntou se isso fornecia alguma proteção. Então, extraiu pus da mão de uma ordenhadora, Sarah Nelmes, e inoculou-o no braço de um menino, que desenvolveu algumas pequenas pústulas, mas sem sintomas da doença. Seis semanas depois, Jenner variolou o menino, isto é, o expôs à varíola humana, em vez de à varíola bovina, e não houve qualquer pústula.

Jenner apresentou ao mundo essa forma nova e mais segura de prevenir a doença em 1798, chamando-a de "vacinação", em homenagem ao nome latino da varíola bovina, *Variolae vacinae*. Em três anos, na Inglaterra, mais de 100 mil pessoas foram vacinadas contra a varíola, o que se espalhou pelo mundo. Nos anos posteriores, outros cientistas, baseando-se nas técnicas de Jenner, inventaram vacinas para outros vírus. Dos rumores sobre as ordenhadoras surgiu uma revolução na medicina.

Conforme as vacinas se popularizavam, os médicos lutavam para atender à demanda. No início, retiravam as crostas formadas nos braços vacinados e as usavam para vacinar outras pessoas. Porém, como a varíola bovina existia naturalmente só na Europa, em outras partes do mundo não conseguiam adquirir o vírus com a facilidade de Jenner. Em 1803, o rei Carlos da Espanha optou por uma solução radical: uma expedição de vacinas às Américas e à Ásia. Vinte órfãos embarcaram em um navio na Espanha, um deles vacinado antes da partida. Passados oito dias, o órfão desenvolveu pústulas e crostas, que foram usadas para vacinar outro órfão, desencadeando uma cadeia de vacinação. Conforme o barco parava em diferentes portos, a expedição entregava crostas para vacinar a população local.

Nos anos 1800, os médicos batalhavam para encontrar uma maneira mais eficaz para a administração da vacina contra a varíola. Alguns transformaram bezerros em fábricas, infectando-os reiteradamente com varíola bovina. Nesse processo, com o tempo a varíola bovina se misturou com o *horsepox*,* um vírus intimamente relacionado. No princípio dos anos 1900, conforme a natureza dos vírus emergia, pesquisadores deixaram os bezerros para trás e

---

* Doença viral em cavalos similar à varíola bovina. (N.T.)

começaram a fazer as vacinas em culturas de células em lotes, pois desse modo poderiam produzir grandes quantidades da substância, com pureza comprovada. Os países encomendaram tantas vacinas que conseguiram lançar campanhas de erradicação, apesar do trabalho vagaroso e irregular. Mesmo no século 20, estima-se que a varíola tenha matado 300 milhões de pessoas.

Até que, na década de 1950, a Organização Mundial da Saúde começou a contemplar a possibilidade de que uma campanha planejada enfim erradicasse a varíola da face da Terra. Os defensores argumentaram com base na biologia do vírus. Ao contrário do vírus do Nilo Ocidental ou da influenza, o da varíola infecta apenas humanos, não animais. Portanto, se fosse sistematicamente eliminado de todas as populações humanas, não precisariam se preocupar com o fato de se esconder em porcos ou patos, à espera de um novo ataque. Além disso, a varíola é uma doença que logo se manifesta. Ao contrário de um vírus como o HIV, que pode levar anos até ser identificado, a varíola declara sua presença perversa em poucos dias, razão pela qual os profissionais de saúde pública conseguiriam identificar surtos e monitorá-los com precisão.

A ideia de erradicar a varíola, entretanto, ainda era vista com ceticismo. Mesmo se tudo corresse de acordo com o planejado, um projeto de erradicação demandaria anos de labuta de milhares de trabalhadores treinados, espalhados pelo mundo, alguns em lugares distantes e perigosos. Os agentes da saúde pública já haviam tentado sem sucesso erradicar outras doenças, como a malária. Por que com a varíola seria mais fácil?

Mesmo diante de tantas dúvidas, os céticos perderam o debate, e, em 1965, a Organização Mundial da Saúde lançou o Programa Intensificado de Erradicação da Varíola. Os funcionários da saúde pública empregaram um novo formato de agulha que possibilitaria aplicar a vacina contra a varíola com muito mais eficiência do que as seringas normais, e o suprimento mundial de vacina poderia ser bem maior do que antes. Eles também perceberam que não precisavam atingir a meta impossível de vacinar todas as pessoas na Terra. Em vez disso, bastaria que identificassem novos surtos de varíola e agissem rapidamente para eliminá-los. Colocando as vítimas em quarentena, depois vacinavam as pessoas nas vilas e cidades das redondezas. A varíola havia se espalhado como um incêndio florestal, mas, logo que atingiu a barreira da vacinação, morreu. De surto em surto se derrotou o vírus, até que o último caso foi registrado na Etiópia em 1977. O mundo atual está livre dela.

A campanha provou que pelo menos se conseguem eliminar alguns patógenos. Outras campanhas aconteceram, mas com a erradicação de apenas um outro vírus até hoje. Durante séculos, o vírus da peste bovina atormentou as fazendas de gado leiteiro e os pastores, dizimando rebanhos inteiros. No decorrer dos anos 1900, veterinários se empenharam em uma série de campanhas de vacinação contra a peste bovina, mas nunca foram sistemáticos a ponto de derrotar o vírus, que reiteradamente voltava.

Na década de 1980, especialistas em peste bovina repensaram toda a abordagem ao vírus e começaram a planejar uma nova campanha que o eliminaria para sempre. Em 1990, desenvolvedores de vacinas criaram uma vacina barata e segura contra a peste bovina, a qual podia ser transportada com facilidade até mesmo para remotas tribos nômades. Em 1994, a Organização das Nações Unidas para a Agricultura e Alimentação (FAO) usou a vacina para lançar um programa global de erradicação. Eles coletariam informações sobre rebanhos contaminados de trabalhadores comunitários e distribuiriam vacinas em qualquer lugar para impedir que os animais infectados adoecessem os saudáveis.

Como resultado, a peste bovina desapareceu. Mas as guerras interromperiam as campanhas e permitiriam que o vírus voltasse a territórios livres dela. "A peste bovina é uma das principais candidatas à erradicação. Por que isso não aconteceu?", perguntou sir Gordon Scott, um dos líderes da campanha, em um jornal de 1998. "O maior obstáculo é a 'desumanidade do homem com o homem'", concluiu. "A peste bovina prospera entre conflitos armados e massas de refugiados em fuga."

As palavras de Scott se revelaram muito pessimistas. Em 2001, apenas três anos depois de ele manifestar suas sombrias previsões, veterinários registraram o último caso de peste bovina: um búfalo selvagem no Parque Nacional Monte Meru, no Quênia. A FAO ainda aguardou mais uma década para ver se algum outro animal adoecia. Nada aconteceu e, em 2011, anunciaram que a peste bovina estava erradicada.

Outras campanhas de erradicação chegaram bem perto da vitória, mas atolaram no final do jogo. Por exemplo, a poliomielite já foi uma ameaça mundial, deixando milhões de crianças com paralisia ou presas a pulmões de aço. Anos de empenho em erradicação eliminaram o vírus de grande parte do mundo. Em 1988, 350 mil pessoas contraíram pólio. Em 2019, apenas 176. Em 1988, a poliomielite era endêmica em 125 países; em 2019, assim continuou apenas no Afeganistão e no Paquistão, países que resistiram aos esforços para erradicar o vírus. Além disso, guerras e miséria comprometeram as campanhas de vacinação. Para piorar as coisas, os insurgentes do Talibã, vendo as campanhas de vacinas como uma ameaça, sistematicamente assassinavam o pessoal que trabalhava com as vacinas. Se a poliomielite voltar, talvez se dissemine pelo Afeganistão, Paquistão e países vizinhos, causando 200 mil casos anuais até 2030.

À medida que começamos a erradicar os vírus, também descobrimos que eles conseguem resistir de maneira inquietante. No final do século 20, enquanto o pessoal da erradicação da varíola viajava pelo mundo para acabar com o vírus, os cientistas o cultivavam em laboratórios para estudá-lo. Quando a Organização Mundial da Saúde declarou oficialmente a erradicação da varíola em 1980, os estoques laboratoriais permaneceram ativos. Assim, para reverter a erradicação, bastaria que alguém acidentalmente liberasse o vírus.

Diante desse quadro, a Organização Mundial da Saúde determinou a destruição de todos os estoques de laboratório, ainda que, nesse ínterim, permitisse aos cientistas conduzirem pesquisas sobre o vírus sob normas rigorosas. Apenas dois laboratórios aprovados poderiam manter os estoques restantes de varíola: um na cidade Novosibirsk, na Sibéria, e outro nos Centros de Controle e Prevenção de Doenças dos Estados Unidos, em Atlanta, Geórgia.

Nas três décadas posteriores, a pesquisa da varíola continuou sob o olhar vigilante da Organização Mundial da Saúde. Cientistas aprenderam como criar animais de laboratório para infectá-los com varíola, o que lhes possibilitou compreender melhor a biologia do vírus. Analisaram o genoma, aperfeiçoaram as vacinas e encontraram drogas que se mostraram promissoras para curar a varíola. E, durante esse tempo, a OMS debateu quando deveria destruir o vírus de uma vez por todas.

Alguns especialistas defendiam que não mais havia razão para esperar. Enquanto a varíola existiu, independentemente de todo cuidadoso controle, continuou o risco de que o vírus escapasse e matasse milhões de pessoas, incluindo a possibilidade de terroristas tentarem usá-lo como arma biológica. E o risco aumenta ainda mais à medida que a imunidade mundial à varíola está diminuindo, pois ninguém mais é vacinado contra ela.

Outros cientistas, no entanto, apelaram em prol da manutenção dos estoques de varíola, justificando que a campanha de erradicação talvez não tenha sido de fato um sucesso completo. Na década de 1990, desertores soviéticos contaram que seu governo montou laboratórios para produzir uma varíola usada em eventual guerra biológica, que seria colocada em mísseis e lançada contra alvos inimigos. Após a queda da União Soviética, esses laboratórios foram abandonados. Ninguém até hoje sabe o que aconteceu com os vírus da varíola usados em tais pesquisas. Resta-nos a terrível possibilidade de que antigos virologistas soviéticos tenham vendido os estoques a outros governos ou mesmo a organizações terroristas.

Os opositores da erradicação da varíola defendem que o risco de novos surtos, ainda que pequeno, justifica a continuação das pesquisas sobre o vírus. Ainda existe muita coisa que desconhecemos. A varíola infecta uma única espécie, os humanos, mas todos os parentes, denominados vírus do gênero orthopoxvirus, conseguem infectar várias espécies.

Ninguém sabe por que a varíola é tão complicada. Se um surto ocorrer nos próximos anos, o diagnóstico rápido será capaz de salvar incontáveis vidas. Para desenvolverem testes de ponta, os cientistas precisarão analisá-los em busca da certeza de que estão de fato diferenciando a varíola de outros orthopoxvirus, tendo necessariamente de usar vírus vivos. Da mesma maneira, os cientistas poderiam usar os vírus para o desenvolvimento de vacinas melhores e de medicamentos antivirais.

Os argumentos sobre a varíola não chegavam a um consenso, sendo um mero acordo para abordar o assunto no futuro. Porém, à medida que posicionamentos conflituosos se arrastavam por anos, os avanços tecnológicos mudaram os termos do debate.

Nos anos 1970, enquanto agentes da saúde pública atuavam na erradicação da varíola, geneticistas desenvolveram os primeiros métodos de leitura de sequenciamento de genes. Em 1976, leram todo o material genético, o genoma, em um bacteriófago denominado MS2, o primeiro genoma totalmente sequenciado. A escolha de um vírus para o primeiro genoma não foi casual: os cientistas queriam começar do pequeno, afinal, enquanto no genoma humano existem mais de 3 bilhões de "letras" genéticas, no genoma do MS2 há apenas 3.569, quase um milhão de vezes menos.

Nos anos seguintes, cientistas leram os genomas de outros vírus, incluindo o da varíola, em 1993. Comparando esse genoma com os de outros vírus, conseguiram chegar a algumas pistas sobre o funcionamento das proteínas da varíola. Pesquisadores continuaram a sequenciar os genomas de cepas de varíola de todo o mundo, descobrindo pouca variação entre eles, o que foi importante para o planejamento das providências para futuros surtos da doença.

A tecnologia de sequenciamento do genoma abriu caminho para outro grande avanço: cientistas começaram a reunir fundamentos para sintetizar genes do zero. No início, agruparam pequenos fragmentos de material genético. Mesmo nesse estágio inicial, Eckard Wimmer, virologista da Stony Brook University, notou que os vírus tinham genomas pequenos o bastante para que fossem sintetizados por completo. Em 2002, ele e seus colaboradores usaram o genoma do vírus da pólio como guia para a criação de milhares de fragmentos de DNA. Então, empregaram enzimas para juntar os fragmentos e também a molécula de DNA como um modelo para criar uma molécula de RNA correspondente, isto é, uma cópia física de todo o genoma do poliovírus. Quando Wimmer e colaboradores colocaram esse RNA em tubos de ensaio cheios de bases e enzimas, formaram-se espontaneamente poliovírus vivos; em outras palavras, eles fizeram pólio do zero.

Wimmer declarou que os cientistas poderiam utilizar a descoberta em prol da humanidade, pois conseguiriam criar vírus com mudanças precisas nos genomas para entender melhor como funcionavam. Também poderiam reescrever genomas de vírus para criar versões inofensivas das mais perigosas ameaças à saúde humana, transformando-as em novas vacinas. Wimmer foi cofundador de uma empresa fabricante de vacinas que começou a usar vírus sintéticos como vacinas experimentais para doenças, incluindo influenza, zika e covid-19.

Mesmo assim, há o temor de que a tecnologia de Wimmer caia nas mãos erradas e que alguém comece a criar vírus para espalhá-los pelo mundo. Mas no início cientistas não se preocuparam muito com a possibilidade de sintetizar o vírus da varíola, que tem por volta de trinta vezes mais DNA do que o da pólio. Portanto, a versão sintética seria tão complicada que mais parecia ficção científica.

No entanto, isso quase virou realidade em 2018. David Evans, virologista da Universidade de Alberta, e colaboradores sintetizaram o *horsepox*, um dos primos inofensivos da varíola. Para tanto, recorreram a um conjunto de poderosas ferramentas genéticas criadas ao longo do tempo a partir do trabalho de Wimmer. Os cientistas enviaram por e-mail as sequências de dez longos fragmentos de DNA do *horsepox* a uma empresa, que sintetizou as moléculas e as enviou aos cientistas. Cada segmento era por si só inofensivo. Mas, quando a equipe de Evans injetou todos eles em uma célula, foram soldados em uma única molécula de DNA. E essa nova molécula poderia gerar vírus *horsepox* viáveis.

"O mundo só precisa aceitar o fato de que se consegue fazer isso", disse Evans a um repórter da *Science*. A pesquisa custou apenas 100 mil dólares.

Depois de milhares de anos de sofrimento e desconcerto com a varíola, enfim conseguimos entendê-la e interromper sua destruição implacável. No entanto, ao compreendê-la, garantimos que ela nunca será erradicada como uma ameaça aos humanos. O conhecimento atual sobre os vírus deu à varíola uma espécie própria de imortalidade.

EPÍLOGO

O ALIENÍGENA NO REFRIGERADOR DE ÁGUA

OS VÍRUS GIGANTES* E O SIGNIFICADO DE SER UM VÍRUS

A vida existe em todo lugar com água, seja em um gêiser em Yellowstone, seja em uma piscina na Caverna dos Cristais, seja em uma torre de resfriamento no telhado de um hospital.

* Também chamados de megavírus. (N.T.)

Em 1992, Timothy Rowbotham, microbiologista, recolheu um pouco de água de uma torre de resfriamento de um hospital em Bradford, na Inglaterra. Colocando-a sob um microscópio, viu um turbilhão de vida: amebas e outros protozoários unicelulares, do tamanho de células humanas, e bactérias por volta de cem vezes menores. Rowbotham pesquisava a causa de um surto de pneumonia na cidade. Entre os micróbios encontrados na amostra, havia um candidato promissor: uma esfera do tamanho de uma bactéria, localizada no interior de uma ameba. Rowbotham, acreditando ter encontrado uma nova bactéria, nomeou-a em homenagem ao distrito: *Bradfordcoccus*.

O microbiologista passou anos tentando entender o *Bradfordcoccus*, para verificar se era o responsável pelo surto de pneumonia. Tentou identificar os genes da nova bactéria por meio de combinações com genes em outras espécies, mas fracassou. Em 1998, devido a cortes no orçamento, foi forçado a fechar seu laboratório, então providenciando para que colaboradores franceses armazenassem as amostras.

Durante anos, *Bradfordcoccus* definhou na obscuridade, até que Bernard La Scola, da Mediterranean University, decidiu dar uma nova olhada nele. E, tão logo colocou as amostras sob um microscópio, percebeu alguma coisa estranha: *Bradfordcoccus* não tinha a superfície lisa das bactérias esféricas, mais se assemelhando a uma bola de futebol com várias placas interligadas. E delas La Scola viu fios de proteína irradiando-se em todas as direções. Somente em alguns tipos de vírus havia isso, mas La Scola, como todos os microbiologistas da época, sabia que algo do tamanho de *Bradfordcoccus* não seria um vírus, pois era cem vezes maior.

No entanto, La Scola descobrira que *Bradfordcoccus* era exatamente um vírus. Quando ele e seus colaboradores o examinaram melhor, constataram que se reproduzia invadindo amebas e forçando-as a construir novas cópias dele mesmo. Apenas os vírus se reproduzem dessa maneira. La Scola e colaboradores substituíram o nome *Bradfordcoccus* por outro que refletisse sua natureza viral: mimivírus, em parte em razão da capacidade do vírus de imitar bactérias.*

Então, os cientistas franceses começaram a analisar os genes do mimivírus. Rowbotham fracassara ao combinar tais genes com os das bactérias, mas a equipe francesa se saiu melhor: o mimivírus revelou ter muitos genes de vírus. Antes dessa descoberta, os cientistas haviam se acostumado a encontrar apenas alguns genes em um vírus. Os mimivírus, no entanto, têm 1.018 genes. Era como se alguém pegasse os genomas da influenza, do resfriado, da varíola e de cem outros vírus e os abarrotasse em uma cápsula de proteína. O mimivírus tinha ainda mais genes do que algumas espécies de bactérias. Em tamanho e em número de genes, ele quebrava as regras fundamentais para ser um vírus.

La Scola e colaboradores publicaram seu primeiro estudo sobre o surpreendente mimivírus em 2003. E se perguntaram se era único. Afinal, talvez existissem outros vírus gigantes. À procura de uma resposta, a equipe recolheu água de torres de resfriamento na França, na qual colocaram amebas, visando verificar se alguma coisa na água as infectaria. Logo as amebas arrebentaram, liberando vírus gigantes.

No entanto, não eram mimivírus, mas outra espécie, com 1.059 genes, um novo recorde para o maior genoma de um vírus. Embora o novo vírus se parecesse muito com o mimivírus, o genoma era bastante diferente.

No alinhamento dos genes do novo vírus com os do mimivírus, os cientistas conseguiram combinar apenas 833 deles. O restante, 226, eram únicos. Outros pesquisadores se uniram à caça, e o resultado

* Do inglês *mimic*: imitar. (N.T.)

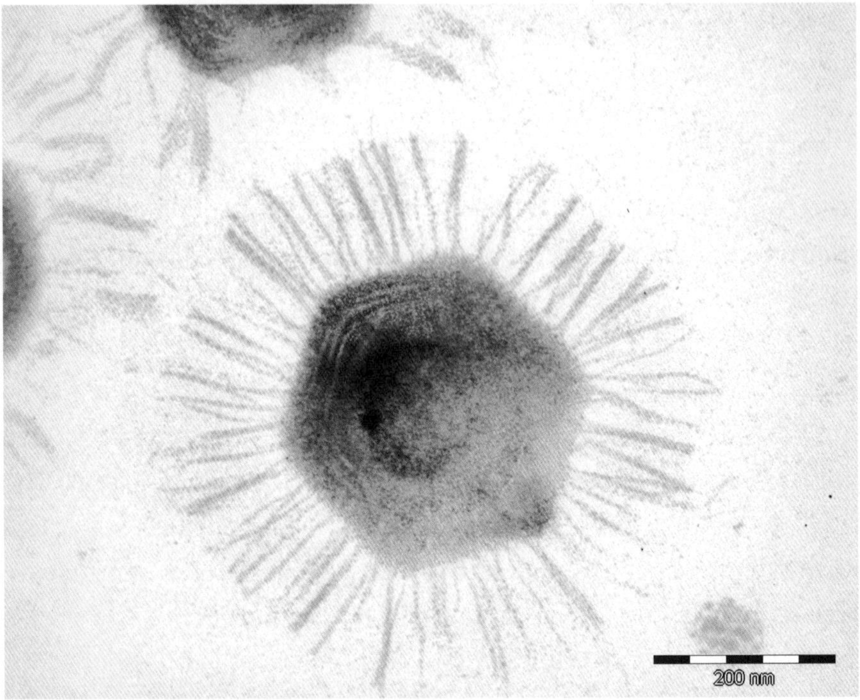

Mimivírus, um dos maiores vírus conhecidos

foi vírus gigantes encontrados em toda parte: nos rios, nos oceanos, nos lagos sob o gelo da Antártica. No fundo do mar na costa do Chile, encontraram vírus gigantes com 2.556 genes, por ora, o maior genoma viral descoberto.

Cientistas os encontraram até em animais. A equipe de La Scola colaborou com cientistas brasileiros no estudo de amostras de soro extraídas de mamíferos. E acharam anticorpos para vírus gigantes em macacos e vacas. Pesquisadores também isolaram vírus gigantes de pessoas, incluindo um paciente com pneumonia. Porém, ainda não se conhece bem o papel dos vírus gigantes na nossa saúde: podem infectar diretamente nossas próprias células, ou podem somente se esconder inofensivos em amebas que invadem nosso corpo.

A história dos vírus gigantes, além de evidenciar que exploramos pouco a virosfera, injeta vida nova em um longo debate: o que exatamente é um vírus?

Tão logo os cientistas começaram a entender a composição molecular dos vírus, perceberam que diferiam bastante das formas familiares de vida celular. Em 1935, quando Wendell Stanley produziu cristais do vírus do mosaico do tabaco, ele desestabilizou as distinções claras entre o vivo e o não vivo. Enquanto cristal, seu vírus se comportava como gelo ou diamantes. Mas, quando acrescentado a uma planta de tabaco, ela se multiplicava como qualquer coisa viva.

Mais tarde, conforme a biologia molecular dos vírus passava a ter um foco mais nítido, muitos cientistas concluíram que eles somente se assemelhavam à vida, mas não estavam vivos. Todos os vírus que os cientistas estudaram carregavam alguns genes, em uma ampla disparidade genética das bactérias. Os poucos genes dos vírus permitiam que executassem tarefas mais básicas necessárias para criar novos vírus: deslizar por uma célula e inserir seus genes nas fábricas bioquímicas dela. Faltavam nos vírus os genes para uma vida plena. Por exemplo, os cientistas não conseguiram encontrar neles nem instruções para a produção de um ribossomo, a fábrica molecular que transforma o RNA em proteínas, nem genes para as enzimas que decompõem os alimentos para crescerem. Em outras palavras, os vírus pareciam quase desprovidos das informações genéticas necessárias para estarem de fato vivos.

No entanto, em teoria, os vírus podem obter essa informação e tornarem-se vivos. Afinal, não ficam fixos em pedra. É possível que uma mutação duplique acidentalmente alguns de seus genes, criando novas cópias capazes de mais tarde assumirem novas funções.

Ou um vírus pode, também de modo acidental, ocupar genes de outro vírus, ou mesmo de uma célula hospedeira. Seu genoma conseguiria se expandir até que se alimentasse, crescesse e se dividisse por conta própria.

Mesmo sendo concebível que os vírus evoluíssem para a vida, os cientistas se viram diante de uma gigantesca muralha. Organismos com grandes genomas precisam copiá-los com exatidão. As chances de sofrerem uma arriscada mutação aumentam à medida que o genoma cresce. Protegemos nossos genomas gigantes contra esse risco por meio da produção de enzimas reparadoras de erros, assim como fazem outros animais, plantas, fungos, protozoários e bactérias. Porém, nos vírus inexistem tais enzimas, e eles cometem erros de cópia em uma taxa tremendamente superior à nossa, em alguns casos, mais de mil vezes maior.

A alta taxa de mutação dos vírus pode impor um limite em seu genoma, impedindo-os, assim, de estarem mesmo vivos. Se o genoma de um vírus ficar muito grande, é mais provável que ocorra uma mutação que o matará. Mas a seleção natural pode favorecer genomas minúsculos em vírus. Se isso for verdade, eles seriam incapazes de abrir espaço para genes que lhes permitiriam transformar ingredientes brutos em novos genes e proteínas. Não cresceriam. Não expeliriam resíduos. Não se defenderiam do calor e do frio. Não se dividiriam em dois.

Todos esses *nãos* se somam para um imenso e devastador *NÃO*. Os vírus não estavam vivos.

"Um organismo é constituído de células", declarou o microbiologista Andre Lwoff ao receber o Prêmio Nobel de Fisiologia ou Medicina em 1965. Não sendo células, os vírus eram considerados pouco mais do que material genético descartado, por acaso com a química certa para se replicar dentro das células. Em 2000, o Comitê

Internacional de Taxonomia de Vírus tornou este julgamento oficial: "Os vírus não são organismos vivos".

O comitê estava traçando um rigoroso limite entre os vírus e o mundo vivo. Mas, em alguns anos, a descoberta de vírus gigantes os confundiu. Se um minúsculo genoma é uma das características de um vírus, isso complica verificar como os vírus gigantes podem ser considerados de fato vírus. Embora cientistas desconheçam o que os vírus gigantes fazem com todos os genes, alguns suspeitam que sejam coisas bem realistas. Alguns genes em vírus gigantes codificam enzimas capazes de reparar o DNA, usando-as para corrigir os possíveis danos ocorridos quando viajam de uma célula hospedeira para outra. Muitos vírus gigantes carregam genes para enzimas que reúnem proteínas, o que os cientistas pensavam que apenas formas de vida celular fizessem. É possível que vírus gigantes inundem o hospedeiro com essas enzimas construtoras de proteínas para redirecionar seu metabolismo de modo que sejam beneficiados.

Ao invadirem amebas, os vírus gigantes, em vez de se desfazerem em uma nuvem de moléculas, criam uma estrutura imensa e intrincada denominada fábrica viral. Esta obtém matéria-prima por meio de um portal e, em seguida, expele novo DNA e proteínas por meio de outros dois. Os vírus gigantes conseguem usar seus genes virais em pelo menos parte desse trabalho bioquímico.

A fábrica viral do vírus gigante, em outras palavras, se parece e age como uma célula. Na verdade, é tão semelhante que em 2008 La Scola e seus colaboradores descobriram que ela pode ser infectada por um vírus próprio. Esse novo tipo de vírus, que chamaram de virófagos, entra na fábrica viral e a ludibria para construir virófagos em vez de vírus gigantes.

Em 2019, os cientistas encontraram dez virófagos diferentes que prosperaram em todos os lugares, desde lagos antárticos até as entranhas de ovelhas, e provavelmente muitos mais ainda sejam encontrados. Virófagos não são meros parasitas de parasitas, pois auxiliam as formas de vida celular, matando os vírus gigantes que as adoecem. Se uma célula hospedeira morrer de uma infecção por vírus gigante, os virófagos garantirão que existam menos vírus para matar outras células. Cientistas descobriram que algas que carregam virófagos florescem mais, talvez por estarem protegidas contra vírus gigantes.

Esses estudos sugerem que, para virófagos e células, o inimigo do meu inimigo é meu amigo. Algumas células hospedeiras permitem até mesmo que os virófagos usem o próprio DNA delas para armazenar seus genes, que só vêm à vida quando um vírus gigante infecta seu hospedeiro. Então, eles se reúnem em novos virófagos para atacar o invasor. Outra dúvida: o virófago é um vírus por si mesmo ou uma arma instalada pela célula hospedeira? Talvez a resposta seja uma alternativa incorreta. Os interesses do virófago e da célula hospedeira se alinham: destruir vírus gigantes para benefício próprio.

Traçar linhas divisórias na natureza é cientificamente útil, mas, em se tratando de entender a própria vida, essas linhas podem se tornar barreiras artificiais. No lugar de tentar descobrir como os vírus não são como outras coisas vivas, talvez seja mais útil pensar sobre como os vírus e outros organismos formam um *continuum*. Nós, humanos, somos uma combinação indissociável de mamífero e vírus. Caso eliminassem nossos genes derivados de vírus, morreríamos no útero. Também é provável que nosso DNA viral nos defenda contra infecções. Parte do oxigênio que respiramos é produzida pela mistura de vírus e bactérias nos oceanos, em um fluxo em constante mudança. Os oceanos são uma matriz viva de genes, movimentando-se entre hospedeiros e vírus.

Hoje está claro que os vírus gigantes preenchem o fosso existente entre os vírus comuns e a vida celular, mas ainda não está claro como eles conquistaram essa posição ambígua. Alguns pesquisadores defendem que os vírus gigantes começaram como vírus comuns e, então, sequestraram genes extras de seus hospedeiros. Outros argumentam que os vírus gigantes já existiam na aurora da vida celular e evoluíram para formas mais semelhantes a vírus.

Delimitar com clareza a vida e a não vida dificulta não apenas a compreensão dos vírus, mas também a estimativa de como a vida começou. Embora cientistas ainda estejam tentando descobrir a origem da vida, uma coisa é certa: ela não ocorreu de repente com o toque de um grande interruptor cósmico. É bem provável que tenha surgido de modo gradual, à medida que matérias-primas como açúcar e fosfato se combinaram em reações cada vez mais complexas na terra primitiva. Por exemplo, moléculas de fita simples de RNA cresceram devagar e conseguiram fazer cópias de si mesmas. Tentar determinar um momento no tempo em que essa vida de RNA se tornou de fato "viva" apenas nos desvia da transição gradual para a vida como a conhecemos.

No mundo do RNA, a vida talvez não passasse de um pouco mais do que coalizões fugazes de genes, que às vezes prosperavam e às vezes eram destruídas por genes que agiam como parasitas. Alguns desses parasitas primordiais podem ter evoluído para os primeiros vírus, que continuaram se replicando até os dias atuais. Patrick Forterre, virologista francês, propôs que, no mundo do RNA, os vírus inventaram a molécula de DNA de fita dupla como uma forma de proteger seus genes de ataques, até que seus hospedeiros assumiram o controle do DNA, que então dominaram o mundo. Em outras palavras, a vida como a conhecemos pode ter necessitado dos vírus para começar.

Então, talvez estejamos retornando ao duplo significado original da palavra vírus: uma substância cheia de vida ou um veneno mortal. De fato, apesar do caráter mortal dos vírus, eles possibilitaram algumas das inovações mais importantes do mundo. Criação e destruição se unem mais uma vez.

AGRADECIMENTOS

Planeta de vírus foi financiado pelo Centro Nacional de Recursos de Pesquisa (National Center for Research Resources – NCRR) dos Institutos Nacionais de Saúde (National Institutes of Health – NIH) através do Science Education Partnership Award (Sepa), concessão n. R25 RR024267 (2007-2012), Judy Diamond, Moira Rankin e Charles Wood, investigadores principais. O conteúdo desta obra é de responsabilidade exclusiva do autor e não representa necessariamente os posicionamentos oficiais do NCRR ou do NIH. Agradeço às muitas pessoas que assessoraram este projeto: Anisa Angeletti, Peter Angeletti, Aaron Brault, Ruben Donis, Ann Downer-Hazell, David Dunigan, Cedric Feschotte, Angie Fox, Matt Frieman, Laurie

Garrett, Edward Holmes, Akiko Iwasaki, Benjamin David Jee, Aris Katzourakis, Sabra Klein, Eugene Koonin, Jens Kuhn, Ian Lipkin, Ian Mackay, Grant McFadden, Nathan Meier, Pardis Sabeti, Matthew Sullivan, Abbie Smith, Gavin Smith, Philip W. Smith, Amy Spiegel, Paul Turner, David Uttal, James L. Van Etten, Kristin Watkins, Joshua Weitz, Willie Wilson, Nathan Wolfe e Michael Worobey. Agradeço particularmente ao diretor do programa SEPA, L. Tony Beck, e ao meu editor na University of Chicago Press, Christie Henry, que tornaram este livro possível.

BIBLIOGRAFIA SELECIONADA

Um fluido vivo contagioso

Bos, L. Beijerinck's work on tobacco mosaic virus: Historical context and legacy. *Philosophical Transactions of the Royal Society B: Biological Sciences*, 1999, p. 354-675.

Kay, L. E. W. M. Stanley's crystallization of the tobacco mosaic virus, 1930-1940. *Isis*, 1986, 77: 450-72.

Roossinck, M. J. *Virus: An illustrated guide to 101 incredible microbes.* Princeton, NJ: Princeton University Press, 2016.

Willner, D.; Furlan, M.; Haynes, M. et al. Metagenomic analysis of respiratory tract DNA viral communities in cystic fibrosis and non-cystic fibrosis individuals. *PLoS ONE* 4, 2009, 200; (10): e7370.

Um resfriado comum

Bartlett, N.; Wark, P.; Knight, D. *Rhinovirus infections: Rethinking the impact on human health and disease.* Londres: Elsevier, 2019.

Hemilä, H.; Haukka, J.; Alho, M.; Vahtera, J.; Kivimäki, M. Zinc acetate lozenges for the treatment of the common cold: A randomised controlled trial. *BMJ Open*, 2020, 10(1).

Jacobs, S. E.; Lamson, D. M.; George, K. S.; Walsh, T. J. Human rhinoviruses. *Clinical Microbiology Reviews*, 2013, 26: 135-62.

Um olhar para as estrelas

Barry, J. M. *The great influenza: The epic story of the deadliest plague in history.* Nova York: Viking, 2004.

Mena, I.; Nelson, M. I.; Quezada-Monroy, F. et al. Origins of the 2009 H1N1 influenza pandemic in swine in Mexico. *Elife*, 2016, 5: e16777.

Neumann, G.; Kawaoka, Y. *Influenza: The cutting edge.* Cold Spring Harbor, NY: Cold Spring Harbor Laboratory Press, 2020.

Taubenberger, J. K.; Kash, J. C.; Morens, D. M. The 1918 influenza pandemic: 100 years of questions answered and unanswered. *Science Translational Medicine*, 2019, 11: eaau5485.

Coelhos com chifres

Bravo, I. G.; Félez-Sánchez, M. Papillomaviruses: Viral evolution, cancer and evolutionary medicine. *Evolution, Medicine, and Public Health*, 2015, p. 32-51.

Chen, Z.; DeSalle, R.; Schiffman, M. et al. Niche adaptation and viral transmission of human papillomaviruses from archaic hominins to modern humans. *PLoS Pathogens*, 2018, 14: e1007352.

Cohen, P. A.; Jhingran, A.; Oaknin, A.; Denny, L. Cervical cancer. *Lancet*, 2019, 393: 169-82.

Dilley, S. K.; Miller, K. M.; Huh, W. K. Human papillomavirus vaccination: Ongoing challenges and future directions. *Gynecologic Oncology*, 2020, 156: 498-502.

Przybyszewska, J.; Zlotogorski, A.; Ramot, Y. Re-evaluation of epidermodysplasia verruciformis: Reconciling more than 90 years of debate. *Journal of the American Academy of Dermatology*, 2017, 76: 1161-75.

Weiss, R. A. Tumour-inducing viruses. *British Journal of Hospital Medicine*, 2016, 77: 565-68.

O inimigo do nosso inimigo

Kortright, K. E.; Chan, B. K.; Koff, J. L.; Turner, P. E. Phage therapy: A renewed approach to combat antibiotic-resistant bacteria. *Cell Host & Microbe*, 2019, 25: 219-32.

Summers, W. *Felix d'Herelle and the origins of molecular biology*. New Haven, CT: Yale University Press, 1999.

O oceano infectado

Breitbart, M.; Bonnain, C.; Malki, K.; Sawaya, N. A. Phage puppet masters of the marine microbial realm. *Nature Microbiology*, 2018, 3: 754-66.

Keen, E. C. A century of phage research: Bacteriophages and the shaping of modern biology. *Bioessays*, 2015, 37: 6-9.

Koonin, E. V.; Yutin, N. The crAss-like phage group: How metagenomics reshaped the human virome. *Trends in Microbiology*, 2020, 28(5): 349-359. Disponível em: <https://doi.org/10.1016/j.tim.2020.01.010>. Acesso em: 28 fev. 2020.

Koonin, E. V.; Dolja, V. V.; Krupovic, M. et al. Global organization and proposed megataxonomy of the virus world. *Microbiology and Molecular Biology Reviews*, 2020, 84(2).

Zhang, Y. Z.; Chen, Y. M.; Wang, W.; Qin, X. C.; Holmes, E. C. Expanding the RNA virosphere by unbiased metagenomics. *Annual Review of Virology*, 2019, 6: 119-39.

Nossos parasitas internos

Chuong, E. B. The placenta goes viral: Retroviruses control gene expression in pregnancy. *PLoS Biology*, 2018, 16: e3000028.

Dewannieux, M.; Harper, F.; Richaud, A. et al. Identification of an infectious progenitor for the multiple-copy HERV-K human endogenous retroelements. *Genome Research*, 2006, 16: 1548-56.

Frank, J. A.; Feschotte, C. Co-option of endogenous viral sequences for host cell function. *Current Opinion in Virology*, 2017, 25: 81-89.

Hayward, A. Origin of the retroviruses: When, where, and how? *Current Opinion in Virology*, 2017, 25: 23-27.

Johnson, W. E. Origins and evolutionary consequences of ancient endogenous retroviruses. *Nature Reviews Microbiology*, 2019, 17: 355-70.

Weiss, R. A. The discovery of endogenous retroviruses. *Retrovirology*, 2006, 3: 67.

O jovem flagelo

Bell, S. M.; Bedford, T. Modern-day SIV viral diversity generated by extensive recombination and cross-species transmission. *PLoS Pathogens*, 2017, 13: e1006466.

Burton, D. R. Advancing an HIV vaccine; advancing vaccinology. *Nature Reviews Immunology*, 2019, 19: 77-78.

Faria, N. R.; Rambaut, A.; Suchard, M. A. et al. The early spread and epidemic ignition of HIV-1 in human populations. *Science*, 2014, 346: 56-61.

Gilbert, M. T. P.; Rambaut, A.; Wlasiuk, G.; Spira, T. J.; Pitchenik, A. E.; Worobey, M. The emergence of HIV/AIDS in the Americas and beyond. *Proceedings of the National Academy of Sciences*, 2007, 104: 18566-70.

Gryseels, S.; Watts, T. D.; Mpolesha, J. M. K. et al. A near full-length HIV-1 genome from 1966 recovered from formalin-fi xed paraffin-embedded tissue. *Proceedings of the National Academy of Sciences*, 2020, 117: 12222-29.

Sauter, D.; Kirchhoff, F. Key viral adaptations preceding the AIDS pandemic. *Cell Host & Microbe*, 2019, 25: 27-38.

A transformação em um americano

Hadfield, J.; Brito, A. F.; Swetnam, D. M. et al. Twenty years of West Nile virus spread and evolution in the Americas visualized by Nextstrain. *PLoS Pathology*, 2019, 15: e1008042.

Journal of Medical Entomology. Special Collection: Twenty Years of West Nile Virus in the United States. 56(6). Disponível em: <https://doi. org/10.1093/jme/tjz130>. Acesso em: 24 set. 2019.

Martin, M.-F.; Nisole, S. West Nile virus restriction in mosquito and human cells: A virus under confinement. *Vaccines*, 2020, 8: 256.

Paz, S. Effects of climate change on vector-b orne diseases: An updated focus on West Nile virus in humans. *Emerging Topics in Life Sciences*, 2019, 3: 143-52.

Sharma, V.; Sharma, M.; Dhull, D.; Sharma, Y.; Kaushik, S.; Kaushik, S. Zika virus: An emerging challenge to public health worldwide. *Canadian Journal of Microbiology*, 2020, 66: 87-98.

Ulbert, S. West Nile virus vacines – current situation and future directions. *Human Vaccines & Immunotherapeutics*, 2019, 15: 2337-42.

A era pandêmica

Holmes, E. C.; Rambaut, A. Viral evolution and the emergence of Sars coronavirus. *Philosophical Transactions of the Royal Society B: Biological Sciences*, 2004, 359: 1059-65.

Morse, S. S. Emerging Viruses: Defining the Rules for Viral Traffic. *Perspectives in Biology and Medicine*, 1991, 34: 387-409.

New York Times. "He warned of coronavirus. Here's what he told us before he died." Disponível em: <https://www.nytimes.com/2020/02/07/

world/asia/Li-Wenliang-china-coronavirus.html>. Acesso em: 7 fev. 2020.

Quammen, D. *Spillover: Animal infections and the next human pandemic*. Nova York: W. W. Norton, 2012.

Raj, V. S.; Osterhaus, A. D.; Fouchier, R. A.; Haagmans, B. L. Mers: Emergence of a novel human coronavirus. *Current Opinion in Virology*, 2014, 5: 58-62.

Tang, D.; Comish, P.; Kang, R. The hallmarks of COVID-19 disease. *PLoS Pathogens*, 2020, 16: e1008536.

Xiong, Y.; Gan. N. This Chinese doctor tried to save lives, but was silenced. Now he has coronavirus. *CNN*. Disponível em: <https://www.cnn.com/2020/02/03/asia/coronavirus-doctor-whistle-blower-intl-hnk>. Acesso em: 4 fev. 2020.

O longo adeus

Duggan, A. T.; Perdomo, M. F.; Piombino-Mascali, D. et al. 17th century variola virus reveals the recent history of smallpox. *Current Biology*, 2016, 26: 3407-12.

Esparza, J.; Lederman, S.; Nitsche, A.; Damaso, C. R. Early smallpox vaccine manufacturing in the United States: Introduction of the "animal vaccine" in 1870, establishment of "vaccine farms," and the beginnings of the vaccine industry. *Vaccine*, 2020, 38: 4773-79.

Koplow, D. A. *Smallpox: The fight to eradicate a global scourge*. Berkeley: University of California Press, 2003.

Kupferschmidt, K. How Canadian researchers reconstituted an extinct poxvirus for $100,000 using mail-order DNA. *Science*.

Disponível em: <http://dx.doi.org/10.1126/science.aan7069>. Acesso em: 6 jul. 2017.

Mariner, J. C.; House, J. A.; Mebus, C. A. et al. Rinderpest eradication: Appropriate technology and social innovations. *Science*, 2012, 337: 1309-12.

Meyer, H.; Ehmann, R.; Smith, G. L. Smallpox in the post-eradication era. *Viruses*, 2020, 12:138.

Noyce, R. S.; Lederman, S.; Evans, D. H. Construction of an infectious horsepox virus vaccine from chemically synthesized DNA fragments. *PLoS ONE*, 2018, 13: e0188453.

Reardon, S. "Forgotten" NIH smallpox virus languishes on death row. *Nature*, 2014, 514:544.

Thèves, C.; Crubézy, E.; Biagini, P. History of smallpox and its spread in human populations. In: Drancourt, M.; Raoult, D. (ed.) *Paleomicrobiology of humans*. Washington, DC: ASM Press, 2016, p. 161-72.

Wimmer, E. The test-t ube synthesis of a chemical called poliovirus. *EMBO Reports*, 2006, 7: S3-9.

O alienígena no refrigerador de água

Berjón-Otero, M.; Koslová, A.; Fische, M. G. 2019. The dual lifestyle of genome-i ntegrating virophages in protists. *Annals of the New York Academy of Sciences*, 2019, 1447: 97-109.

Colson, P.; La Scola, B.; Levasseur, A.; Caetano-Anolles, G.; Raoult, D. Mimivirus: Leading the way in the discovery of giant viruses of amoebae. *Nature Reviews Microbiology*, 2017, 15: 243.

Colson, P.; Ominami, Y.; Hisada, A.; La Scola, B.; Raoult, D. Giant mimiviruses escape many canonical criteria of the virus definition. *Clinical Microbiology and Infection*, 2019, 25: 147-54.

Oliveira, G.; La Scola, B.; Abrahão, J. Giant virus vs amoeba: Fight for supremacy. *Virology Journal*, 2019, 16: 126.

Schulz, F.; Roux, S.; Paez-Espino, D.; Jungbluth, S. et al. Giant virus diversity and host interactions through global metagenomics. *Nature*, 2020, 578: 432-36.

Zimmer, C. *Life's edge: The search for what it means to be alive*. Nova York: Dutton, 2021.

CRÉDITOS

Ilustrações de abertura dos capítulo: © 2021 Ian Schoenherr. Introdução: o vírus do mosaico do tabaco, © Dennis Kunkel Microscopy, Inc. Capítulo 1: rinovírus, copyright © 2010 Photo Researchers, Inc. (todos os direitos reservados). Capítulo 2: vírus influenza, de Frederick Murphy, da PHIL (Biblioteca de Imagens de Saúde Pública), cortesia do CDC (Centros de Controle e Prevenção de Doenças). Capítulo 3: papilomavírus humano, copyright © 2010 Photo Researchers, Inc. (todos os direitos reservados). Capítulo 4: bacteriófagos, cortesia de Graham Colm. Capítulo 5: fago marinho, cortesia de Willie Wilson. Capítulo 6: vírus da leucose aviária, cortesia do dr. Venugopal Nair e da dra. Pippa Hawes, grupo de Bioimagem, Instituto de Saúde Animal (Bioimaging group, Institute for Animal Health). Capítulo 7: vírus da imunodeficiência humana, de P. Goldsmith, E. L. Feorino, E. L. Palmer e W. R. McManus, da PHIL, cortesia do CDC. Capítulo 8: vírus do Nilo Ocidental, de P. E. Rollin, da PHIL, cortesia do CDC. Capítulo 9: Imagem do Sars-Cov-2 capturada e realçada com cores no Instituto Nacional de Alergia e Doenças Infecciosas (National Institute of Allergy and Infectious Diseases – NIAID), Centro de Pesquisa Integrado (Integrated Research Facility – IRF), em Fort Detrick, Maryland. Crédito: NIAID (CC BY 2.0). Capítulo 10: vírus da varíola, de Frederick Murphy, da PHIL, cortesia do CDC. Epílogo: mimivírus, cortesia do dr. Didier Raoult, Unidade de Pesquisa em Doenças Infecciosas e Emergentes Tropicais (Research Unit in Infectious and Tropical Emergent Diseases – Urmite).

grupo novo século

Compartilhando propósitos e conectando pessoas
Visite nosso site e fique por dentro dos nossos lançamentos:
www.gruponovoseculo.com.br

ns

facebook/novoseculoeditora
@novoseculoeditora
@NovoSeculo
novo século editora

gruponovoseculo
.com.br

Edição: 1
Fonte: Alegreya